用

Canva

設計超快
超質感

平面、網頁、電子書、簡報、
影片製作與AI繪圖最速技

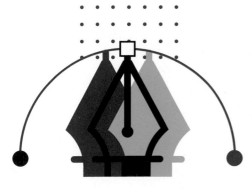

關於文淵閣工作室
ABOUT

常常聽到很多讀者跟我們說：我就是看你們的書學會用電腦的。

是的！這就是寫書的出發點和原動力，想讓每個讀者都能看我們的書跟上軟體的腳步，讓軟體不只是軟體，而是提昇個人效率的工具。

文淵閣工作室創立於 1987 年，創會成員鄧文淵、李淑玲在學習電腦的過程中，就像每個剛開始接觸電腦的你一樣碰到了很多問題，因此決定整合自身的編輯、教學經驗及新生代的高手群，陸續推出「快快樂樂全系列」電腦叢書，冀望以輕鬆、深入淺出的筆觸、詳細的圖說，解決電腦學習者的徬徨無助，並搭配相關網站服務讀者。

隨著時代的進步與讀者的需求，文淵閣工作室除了原有的 Office、多媒體網頁設計系列，更將著作範圍延伸至各類程式設計、影像編修與創意書籍。如果在閱讀本書時有任何的問題，歡迎至文淵閣工作室網站或使用電子郵件與我們聯絡。

- 文淵閣工作室網站　http://www.e-happy.com.tw
- 服務電子信箱　e-happy@e-happy.com.tw
- Facebook 粉絲團　http://www.facebook.com/ehappytw

總　監　製：鄧君如　　　　責任編輯：黃郁菁
監　　　督：鄧文淵・李淑玲　　執行編輯：熊文誠・鄧君怡

本書學習資源
RESOURCE

以主題式範例分享 Canva 在圖文設計與影音製作的實用技巧，輕鬆完成各式平面設計、電子書、簡報、社群圖片與影音、一頁式網站、多人協作白板和 AI 圖像繪本。

✦ 取得各單元範例素材、完成檔、影音教學與速查表

書中以電腦瀏覽器搭配線上版 Canva 示範，各單元範例素材與完成檔可從此網站下載：**http://books.gotop.com.tw/DOWNLOAD/ACU085600**，下載檔案為壓縮檔，請解壓縮後再使用。

■ <本書範例> 資料夾中，檔案依各單元編號資料夾分別存放，各單元範例素材與完成檔又分別整理於 <原始檔> 與 <完成檔> 資料夾：

■ <影音教學和速查表> 資料夾中，存放 **Canva AI 圖像繪本-結合 ChatGPT 快速生成影音教學.mp4**、**Canva Docs 快速生成 AI 文案影音教學.mp4** 二部教學影片和 **ChatGPT 指令速查表** 網頁捷徑。

▼ 線上下載

本書範例檔、影音教學與速查表請至下列網址下載：

http://books.gotop.com.tw/DOWNLOAD/ACU085600

其內容僅供合法持有本書的讀者使用，未經授權不得抄襲、轉載或任意散佈。

✦ 取得 Canva 各單元架構範本、完成作品

各單元範例，如果因為搜尋不到要使用的 Canva 範本需要開啟架構範本；或是想參考相關佈置與設定，需開啟 Canva 完成作品瀏覽與使用，可依以下操作：

以 Part 05 單元為例

- **架構範本**：開啟 <本書範例 \ Part05 \ 原始檔> 資料夾，於 **Part05範本** 網頁捷徑上連按二下滑鼠左鍵開啟網頁連結，再選按 **使用範本** 鈕。

Part05範本　　　大型活動海報

- **完成作品**：開啟 <本書範例 \ Part05 \ 完成檔> 資料夾，於 **大型活動海報** 網頁捷徑上連按二下滑鼠左鍵開啟網頁連結，再選按 **使用範本** 鈕。

✦ ChatGPT 指令速查表

ChatGPT 指令速查表頁面網址：https://s.yam.com/PKfff，以電腦瀏覽器開啟即可進入。若使用行動裝置，可掃描右側 QR Code 進入頁面。

"ChatGPT 指令速查表" 以生活與職場中最常用到的分類著手整理，每個類別都包含 **指令** 與 **示範**，只需複製 **指令** 內容，再更改藍色底色關鍵詞為需要的內容，就能快速掌握 ChatGPT 提問技巧。

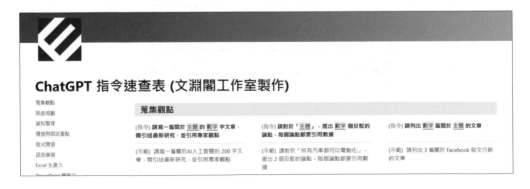

單元目錄
CONTENTS

▶ **準備進入篇**

Part 1 輕鬆設計不求人
開啟創造力與編輯力

▶ 基礎設計篇

Part 2 個人化履歷
文字編輯與格式化

▶ **多元應用篇**

Part
6 三折頁菜單
樣式與視覺資訊圖表

Part 7 旅遊提案電子書

長文件與數據圖像化

Part 8 宣導簡報
動畫效果與投影片展示

▶ **網路行銷篇**

Part
9
社群貼文與短影音
圖文影音後製剪輯

Part 10 一頁式購物平台
網站建立與發佈

▶ 協作分享篇

Part

11 主題式分組討論
線上會議白板與多人協作

Part
12 成果帶著走
下載、分享與印刷

► 附錄篇

附錄

A Canva AI 圖像繪本
結合 ChatGPT 快速生成

附錄

B 印刷基本知識
掌握關鍵要素

Part
01

輕鬆設計不求人
開啟創造力與編輯力

藉由版本、帳號註冊、介面認識與專案管理...等開始熟悉 Canva，加上團隊建立與管理，讓初次使用的你，馬上認識與上手。

☑ 視覺設計高手 - Canva   ☑ 第二個以上團隊的建立與切換

☑ 版本介紹   ☑ 團隊重新命名

☑ 帳號註冊與介面認識   ☑ 刪除團隊

☑ 管理或救回被刪除的專案   ☑ 邀請或移除成員

☑ 資料夾管理與頁面檢視   ☑ 管理成員角色與權限

☑ 上傳格式與需求   ☑ 變更團隊擁有者

☑ 首次建立團隊   ☑ 允許同網域成員加入團隊

1-1 視覺設計高手 - Canva

Canva 把設計變簡單也變有趣了，這套免費線上工具強大且容易上手 (付費擁有更多資源)，讓設計初學者也能製作出專業水準的設計作品。

什麼是 Canva？

一個免費線上視覺設計工具平台，擁有豐富的素材庫、設計工具和範本，輕鬆創作社群媒體圖片、影片剪輯、簡報、文件、電子書、海報、一頁式網站...等，藉由網頁介面，快速製作出符合自己需求的設計作品，即使不具備設計相關專業知識也能輕易上手。

豐富的設計範本與元素

Canva 提供了成千上萬的免費範本與高品質免費圖片、影片、音訊及其他圖像元素 (如需更廣泛多樣的選擇也可以購買付費版範本或元素)，包括宣傳、商業、教育、社群...等各式類別，不用從頭開始製作，只要選擇合適的範本套用，再稍加編輯與加入創意，輕鬆有效的完成設計作品。

中文介面操作容易好上手

中文介面的操作環境，讓軟體的學習變得容易而直觀。即使是沒有設計經驗的使用者，也可以透過豐富的範本和元素快速上手，創作出令人驚豔的設計作品。

提供網頁版、電腦版和手機版設計平台

提供網頁版、桌面應用程式和手機 App 三種版本，讓設計不會受限於地點或時間，隨時隨地都能建立與編輯。

團隊與協作

同一個設計作品，可以透過分享連結，達到共同協作的目的；也可以透過團隊建立與分享，讓成員同步看到設計作品，並直接溝通與修改，提升整體工作效率！

1-2 版本介紹

Canva 免費版很好用！不過依其特性與創作需求，另有付費的 Pro 與團隊版，和符合非營利組織與教育單位的版本可以使用。

免費與付費版

Canva 可以免費使用，但如果想解鎖更多功能或素材，可以考慮付費訂閱成為 Pro 版本使用者。

版本	Canva 一般	Canva Pro	Canva 團隊版
費用	免費	US $119.99 (年費)	US $149.90 (年費)
空間	5 GB	1 TB	1 TB
特色	• 25 萬多個免費範本 • 100+ 設計類型 • 超過 100 萬張免費照片和元素 • 邀請他人設計和合作 • 可列印商品並送貨上門	• 無限的功能、文件夾 • 超過 1 億個付費照片、影片、音訊和元素 • 可使用 100 個品牌工具組中的標誌、顏色和字體 • 可自訂設計的尺寸 • 可使用背景移除工具	• 專為團隊協作與批准工作流程、活動記錄...等設計 • 團隊報告及見解 • 將團隊設計、簡報及文檔轉換為品牌範本 • 設定團隊可編輯權限，利用鎖定功能保持一致形象

更詳盡的說明，請參考 Canva 官網：「https://www.canva.com/zh_tw/pricing/」。(此資訊以官方公告為準)

非營利組織版

如果單位符合 Canva 非營利組織的認定資格，可以申請非營利組織方案，免費使用 Canva Pro 付費方案功能。其中符合資格的組織如下：

- 有登記的非營利組織
- 具有與公共或社區利益一致的使命的社會影響力組織
- 公共衛生組織，以及協助公共衛生的政府機構

更詳盡的介紹、申請與資格準則，請參考 Canva 官網：「https://www.canva.com/zh_tw/canva-for-nonprofits/」。(此資訊以官方公告為準)

教育版

Canva 免費提供教育版給符合資格的老師和學生使用，目前對象僅限於幼稚園、小學、國中和高中職老師和通過正式認證的教育機構。Canva 教育版包含 Canva 團隊版的所有功能，更有為教育工作者設計的專屬功能，如：LMS 整合、與學生分享功課和作業、數千份優質教育範本...等。

更詳盡的介紹、身份驗證與資格準則，請參考 Canva 官網：「https://www.canva.com/zh_tw/education/」。(此資訊以官方公告為準)

1-3 帳號註冊與介面認識

使用 Canva 前，需先註冊一組帳號才能開始使用，本節將一步一步帶你完成註冊動作，並熟悉主要畫面及各個基礎功能。

註冊帳號

STEP 01　開啟瀏覽器，於網址列輸入「https://www.canva.com/zh_tw/」，進入 Canva 網站，選按右上角 **註冊** 鈕，接著再選擇自己習慣的註冊方式，在此選按 **以 Google 繼續**。

STEP 02　依步驟完成帳號登入，接著詢問使用者身分，在此選按合適的項目即完成。(若出現免費試用 Canva Pro 的訊息，選按右上角 **稍後再說** 略過。)

認識首頁

完成帳號註冊後自動進入 Canva 首頁，透過下圖標示，認識各項功能與所在位置：

選按 ☰ 可顯示或隱藏選單　　設計類型選單　　專案與範本搜尋列　　說明中心　　帳號相關設定

選單　　顯示近期曾開啟或　　　　　　　　　根據上方設計類型隨機　　搜尋說明
　　　　編輯的專案　　　　　　　　　　　　推薦相關專案、範本　　　和建議

範本資源

除了使用搜尋或是選擇設計類型開啟範本，於選單選按 **範本**，可依 **商務、社交媒體、影片、行銷**...等項目，篩選出最適合使用的範本，再選按該範本縮圖即可使用。

建立專案

除了從選擇範本類型開始建立專案,也可選按畫面右上角 **建立設計** 鈕,清單中選按欲使用的類型,會依該類型特色與規格建立一個新的專案,也可以於上方的搜尋列輸入關鍵字尋找類型。

如果沒有適合的類型或尺寸,選按清單最下方 **自訂尺寸**,再輸入需要的 **寬度**、**高度** 即可。

另外,也可以利用首頁的設計類型選單,選按類型項目後,於下方會出現該類型推薦主題及相關範本,於主題清單列選按最右側的 **>** 可出現更多主題,選按合適的主題即可建立該主題專案。

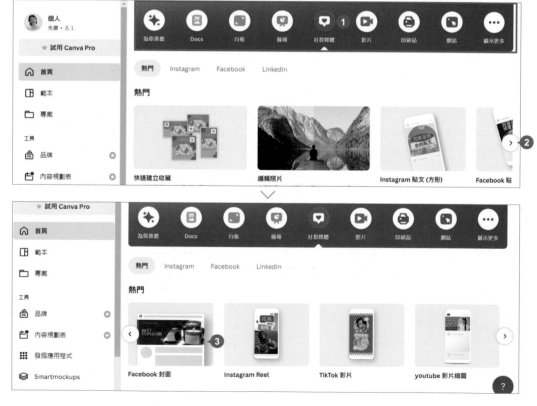

專案編輯畫面

開始編輯專案前，透過下圖標示，先熟悉 Canva 專案編輯畫面的各項功能：

返回首頁　提供檔案相關設定　復原重做　選按 **<** 可顯示或隱藏側邊欄　工具列　專案名稱　編輯頁面　帳號　更多功能　預覽播放　專案分享及輸出

索引標籤　側邊欄　備註　頁面清單　選按 **˅** 可顯示或隱藏頁面清單　時間軸縮放　網格檢視　以全螢幕顯示

檔案功能與雲端儲存

選按 **檔案**，可依作業需求提供尺規、輔助線、邊距...等功能設定，此外部分功能有 圖示，表示該功能需付費訂閱才能使用。

由於 Canva 採雲端作業，操作過程都會自動儲存專案，可以於選單列透過 圖示確認是否儲存；或選按 **檔案**，清單中檢查 **儲存** 項目右側是否有顯示 **已儲存所有變更**。

管理索引標籤

側邊欄左側的索引標籤，預設只有 **設計**、**元素**、**上傳**、**文字**、**專案**、**應用程式**，可依以下操作方式增加或減少項目：

STEP 01 側邊欄選按 **應用程式**，清單中選按欲開啟的項目，在此選按 **照片**。(除了基本項目外，清單還有更多第三方功能可運用。)

STEP 02 **照片** 即會顯示在索引標籤中，依相同方法，只要於 **應用程式** 選按其他項目，就會一一顯示在索引標籤。

STEP 03 想隱藏索引標籤上不常用的項目時，可以選按該項目，再於左上角選按 ✕。

1-4 專案管理與檢視模式

設計的專案與使用元素,可以透過管理與資料夾運用,整理眾多且繁雜的檔案;另外搭配各種頁面檢視,有效掌控專案操作與結構。

管理或救回被刪除的專案

於首頁選單選按 **專案**,每一個建立的專案都會自動儲存並整理在此畫面中。將滑鼠指標移至專案縮圖上,選按右上角 ■■■ ,清單中提供 **重新命名**、**建立複本**、**分享** 或 **移至垃圾桶**...等管理功能。

如果欲還原之前刪除的專案,於首頁選單選按 **垃圾桶**,可看到被刪除的專案,將滑鼠指標移至專案縮圖上,選按右上角 ■■■ \ **還原** 即可。(也可以選按 **影像** 或 **視訊** 標籤還原刪除的照片及影片素材)

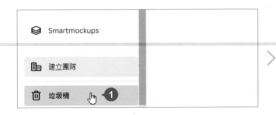 

> **小提示** **刪除的專案可以保留多久?**
>
> 刪除的專案設計會存放在垃圾桶 30 天,這期間都可以復原,超過期限即會自動刪除,如果想提早從垃圾桶移除,可選按右上角 ■■■ \ **永久刪除**。

資料夾管理

專案 項目中除了可以管理已建立的專案，也可以建立資料夾，分類整理各別專案設計的素材檔案。

STEP 01 於首頁選單選按 **專案**，將滑鼠指標移至專案或之前上傳的照片、影片素材縮圖上，選按右上角 **⋯ \ 移至資料夾**。

STEP 02 選按 **你的專案**，清單左下角選按 **+建立新資料夾**。

STEP 03 輸入資料夾名稱，選按 **新增至資料夾** 鈕，即可在 **資料夾** 項目下看到剛剛建立的資料夾 (該專案會直接移至該資料夾中)。

STEP 04 建立專案過程中，搜尋到合適照片、影片...等元素時，除了直接套用，可將滑鼠指標移至元素縮圖上，選按右上角 **⋯** \ **新增至資料夾** \ **你的專案** \ **(資料夾名稱)** 進入，再選按右下角 **新增至資料夾** 鈕，即可輕鬆整理相關資源。

頁面檢視

建立專案過程中，可以切換不同的頁面檢視比例或方式，方便操作與適時做出調整。

● **顯示比例**：可以透過頁面右下角滑桿左右拖曳，放大或縮小設計頁面，以符合最適顯示比例；或選按 **縮放**，套用清單中提供的百分比數值，或 **符合畫面大小**、**填滿畫面** 設定。

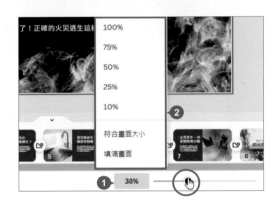

● **頁面清單** (或時間軸)：在頁面底部選按 ☑ 可顯示或隱藏頁面清單，頁面清單中會顯示該專案的所有頁面縮圖，可以輕鬆在頁面之間選按切換；也可以利用拖曳方式，快速調整頁面順序。

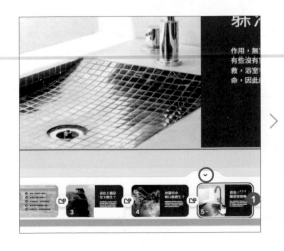

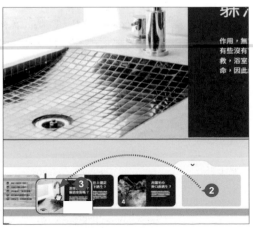

● **網格檢視**：頁面右下角選按  可切換至 **網格檢視**，輕鬆管理頁面 ( 中的數字代表此專案的頁面數量)。選按頁面縮圖右上角 ，可以新增、複製、刪除與隱藏頁面；也可以利用拖曳方式，快速調整頁面順序；若要返回編輯頁面可選按  關閉網格檢視。

● **全螢幕顯示**：頁面右下角選按  可切換至全螢幕模式 (或按 `Ctrl` + `Alt` + `P` 鍵)，按一下滑鼠左鍵可跳至下一頁；或按 `↑`、`↓`、`←`、`→` 可前後翻頁。展示過程中可按 `Esc` 鍵退出；或在頁面上按一下滑鼠右鍵，選按 **退出全螢幕模式**；或選按右下角  結束全螢幕。

1-5 上傳格式與需求

設計 Canva 專案時,可以上傳自己的照片、影片或是自製影像,但支援哪些格式?或是上傳空間有什麼限制?可參考本節說明。

	Canva 免費版	Canva 教育版 Canva 非營利組織	Canva Pro Canva 團隊版
上傳 空間	5 GB	100 GB	1 TB
影像	支援 JPEG、PNG、HEIC/HEIF、WebP 檔案格式,檔案需小於 25 MB,尺寸不可超過 1 億像素 (寬度 x 高度),WebP 只支援靜態圖片。 支援 SVG 檔案格式,檔案需小於 3 MB,寬度為 150～200 像素。		
音訊	支援 M4A、MP3、OGG、WAV、WEBM 檔案格式。 檔案需小於 250 MB。		
影片	支援 MOV、GIF (不支援背景透明的影片)、MP4、MPEG、MKV、WEBM 檔案格式。 檔案需小於 1 GB,如果介於 250 MB～1 GB 之間,免費版本的使用者將會被要求壓縮檔案。		
字型	Canva Pro、Canva 團隊版、Canva 教育版、Canva 非營利組織版,以上使用者皆可上傳字型,需確認具嵌入的授權。 支援 Opne Type (.otf)、True Type (.ttf)、Web 開放格式 (.woff) 字型,每個品牌工具組 (使團體設計維持一致的設定) 最多可以上傳 500 種字型。		
其他	支援 Adobe Illustrator 的 .ai 檔案格式,檔案小於 30 MB,每個檔案不超過 100 個畫板,需為 PDF 相容格式檔案,沒有圖層、漸層或遮罩。 支援 PowerPoint (.pptx) 檔案格式,檔案小於 70 MB,每個檔案不超過 100 張投影片,不能含有圖表、SmartArt、漸層、3D 物件、文字藝術師、表格或圖樣填滿的內容。		

更詳盡的說明,請參考 Canva 官網:「https://www.canva.com/zh_tw/help/upload-formats-requirements/」。

1-6 建立和管理團隊

設計作品時，團隊合作和溝通是很重要的一環，在 Canva 建立團隊，團隊成員之間可以即時協作、同步、討論和分享設計資源。

首次建立團隊

Canva 的團隊功能可以邀請成員加入，更方便協同作業和設計管理 (相關操作可參考 Part 11、12)，在此之前，先透過以下操作，建立屬於你的第一個團隊。

STEP 01 於首頁選單選按 **建立團隊**，輸入 **團隊名稱**，和想邀請的成員電子郵件，選按 **建立團隊** 鈕。(也可以選按 **取得邀請連結** 鈕，複製與分享邀請連結。)

STEP 02 完成建立後，會出現歡迎畫面，選按 **開始吧** 鈕。

預設會切換至 ⚙ **帳號設定** 中的 **使用者們** 畫面，看到已邀請的成員資訊，回到 Canva 首頁，可以看到從原本的個人名稱 (如：李曉聿)，改為團隊名稱 (如：canva圖文影音製作術)。

小提示 **接收到團隊寄送的邀請**

被邀請的成員，會收到一封電子郵件通知，選按 **接受邀請** 鈕，就可以開啟並加入該團隊。

建立多個團隊與切換

因應不同工作項目或合作成員，可以建立多個團隊來區隔彼此屬性。

STEP 01 於 Canva 首頁右上角選按 ⚙ 進入帳號設定畫面，選按 **付款與方案 \ 建立新團隊** 鈕，輸入 **團隊名稱**，選按 **建立新團隊** 鈕。

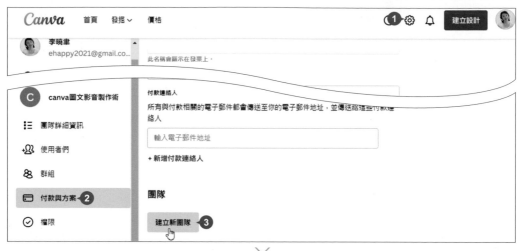

STEP 02 於歡迎畫面選按 **開始吧** 鈕，直接切換至新的團隊 (EHAPPY)。

建立或加入多個團隊後，可於首頁選單選按團隊名稱，清單中選按想切換的其他團隊，即可進入。

團隊重新命名

可以隨時根據不同的協作項目，為團隊重新命名。

於 Canva 首頁先切換至欲重新命名的團隊，選按 ⚙ 進入帳號設定畫面，選按 **團隊詳細資訊**，於 **名稱** 右側選按 **編輯**，輸入新的團隊名稱後，再選按 **儲存** 鈕，重整頁面即可發現團隊名稱已更改。

刪除團隊

只要是自己建立的團隊，都可以刪除，但是注意！如果目前只剩一個團隊，Canva 帳號需保有一個團隊來維持運作，因此無法刪除。

STEP 01 選按 ⚙ 進入帳號設定畫面，選按 **管理團隊**，右側會列出所有曾受邀加入與建立的團隊，確認要刪除的團隊，選按其右側 **刪除** 鈕。

STEP 02 刪除團隊時，會一併刪除所有設計、上傳素材...等，確認無誤後，輸入要刪除的團隊名稱，選按 **刪除團隊** 鈕，之後會看到成功刪除團隊訊息。

確定要刪除團隊「EHAPPY」嗎？

刪除團隊 EHAPPY 也會刪除所有設計、品牌工具組、上傳項目和其他由你和 0 個其他團隊成員在此團隊中建立的其他內容。

如果你改變心意，你有 **14** 天可以復原。我們將傳送還原團隊的說明至你的電子信箱，或者你也可以在說明中心中找到相關指示。

重要！
刪除 EHAPPY 將會刪除由你或你的團隊 (包含未與任何人分享的個人設計) 在此團隊中建立的所有設計。14 天後，此操作將為永久且無法復原。

想要保留你的設計嗎？
如果你想要儲存設計，但要刪除此團隊，請按照此指南將設計複製到另一個團隊。你必須先完成此操作，才能刪除這個團隊。

請輸入團隊名稱以確認刪除。

| EHAPPY | ❶ |

取消　　**刪除團隊** ❷

管理團隊

✓ 已成功刪除團隊 EHAPPY。

影　**影音剪輯**
　　成員 | 3 位成員

圖　**圖文影音製作術**　　　　　　　刪除
　　擁有者 | 3 位成員

Ｅ　**EHAPPY**　　　　　　　　　復原刪除項目
　　已排定永久刪除

團隊詳細資訊
使用者們
群組
付款與方案
權限
應用程式
購買記錄
網域

小提示 取消或復原團隊刪除

刪除團隊的操作有 14 天緩衝期！想要取消或復原團隊時，均可在 14 天內選按 **復原刪除項目** 鈕，如果超過 14 天，團隊與設計、檔案將全數刪除。

邀請或移除成員

團隊的擁有者，可以透過邀請或移除團隊成員，有效管理成員數量。

STEP 01 選按 ⚙ 進入帳號設定畫面，選按 **使用者們**，右側會列出團隊所有成員名單，選按 **邀請其他人**。

STEP 02 可以選按 **複製** 鈕 (首次進入則是顯示 **取得邀請連結** 鈕)，藉由平常連繫的平台或以 Email 將超連結傳送給成員，讓他們選按並登入 Canva 帳號加入團隊；或於下方直接輸入成員 Email，選按 **傳送邀請** 鈕。

當對方接受邀請後，**使用者們** 即會顯示已加入的成員，且團隊角色為 **成員**。

STEP 03 如果要移除單一成員，可於團隊角色右側選按 ☑，清單中選按 **從團隊移除**。

如果要移除多位成員，可核選 **團隊角色** 右側方塊，再於下方選按 🗑 和 **從團隊移除** 鈕一次移除。

 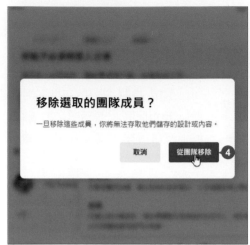

小提示 誰可以邀請團隊成員？可以主動離開團隊嗎？

關於邀請團隊成員的權限，可以設定所有成員皆可，或僅限管理員。

選按 ⚙ 進入帳號設定畫面，選按 **權限**，右側 **誰可以邀請新成員？** 下方可以設定 **所有成員、所有經過管理員核准的成員、僅限管理員和品牌設計師** 或 **僅限管理員** 項目。

目前 Canva 不支援成員自行離開團隊，如果想要離開的成員，可以透過團隊的 **擁有者** 或 **管理員** 移除。

管理成員角色與權限

邀請成員加入團隊後，可以依性質調整角色和權限。

選按 ⚙ 進入帳號設定畫面，選按 **使用者們**，右側會列出團隊所有成員，可以在欲更改的成員 **團隊角色** 選按 ∨，變更成員角色。

如果要調整多位成員角色，可核選 **團隊角色** 右側方塊，再於下方選按 👥，清單中選按一次變更。

小提示 　**團隊成員角色差異**

Canva 團隊中主要有 **擁有者**、**管理者** 與 **成員** 三種角色，其中 **擁有者** 是團隊的建立者，具有刪除團隊的權限；**管理員** 則是和 **擁有者** 一樣擁有相同的存取權限和管理功能；**成員** 僅有存取所有團隊成員分享的資料夾和設計權限。

變更團隊擁有者

擁有者 角色可以透過變更或提名，讓其他成員接替。注意！每個團隊只能有一名 **擁有者**。

STEP 01 選按 ⚙ 進入帳號設定畫面，選按 **團隊詳細資訊**，右側 **變更團隊擁有者** 選按 **變更擁有者** 鈕。

STEP 02 從團隊中提名欲變更為 **擁有者** 的成員，對方會有 30 天的回應時間，在對方接受前，原來的擁有者會繼續擔任。

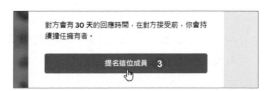

STEP 03 被提名的成員，於 Canva 首頁右上角選按 🔔，**待辦清單** 清單中會看到提名通知，選按後跳出欲同意接管的事項，選按 **願意** 或 **拒絕** 鈕確認或取消這項變更。

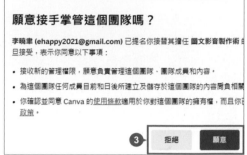

允許同網域成員加入團隊

如果使用企業 Email 註冊並登入 Canva，只要將 Email 網域加入團隊存取權限，即可讓同一個網域的同事也輕鬆加入團隊。

選按 ⚙ 進入帳號設定畫面，選按 **權限** 和 **誰可以加入這個團隊？**，清單中提供：

- 擁有 **@***電子郵件的使用者可以加入**：不需要核准即可加入團隊。

- 擁有 **@***電子郵件的使用者可以要求加入**：這是團隊預設項目，只要屬於同個網域的任何人，在加入團隊時，都必須經過 **管理員** 核准才能加入。

- **只有受邀的使用者可以加入**：只限於受邀者可以加入。

若 **誰可以加入這個團隊？** 中設定為：**擁有 @***電子郵件的使用者可以要求加入**，日後當同網域的同事欲加入團隊時，會看到已建立好的團隊名稱，選按 **申請** 鈕即可要求加入。

Part

02

個人化履歷
文字編輯與格式化

✓ 學習重點

一份吸引人資的致勝履歷,除了展現專業及優勢,Canva 數百種專業設計履歷範本與活潑的排版工具,絕對讓你的履歷脫穎而出!

- ☑ 撰寫履歷注意事項
- ☑ 列印履歷注意咬口
- ☑ 建立新專案
- ☑ 顯示尺規與輔助線
- ☑ 套用範本頁面
- ☑ 調整範本結構
- ☑ 上傳並替換大頭貼照片

- ☑ 替換標題與內文
- ☑ 依內容調整文字方塊位置與大小
- ☑ 變更對齊方式及文字樣式
- ☑ 套用數字或符號清單
- ☑ 套用粗體與底線
- ☑ 將小寫英文字全部轉換成大寫

原始檔:<本書範例 \ Part02 \ 原始檔>

完成檔:<本書範例 \ Part02 \ 完成檔 \ 個人化履歷.pdf>

2-1 履歷設計原則

履歷是求職過程中非常重要的文件,以下是一些履歷設計原則,有助於製作一份吸引人的履歷。

用內容提高履歷競爭力

一份好的履歷,必須在 10～20 秒內抓住招聘人員的注意力,如何展示自己的實力和價值,贏得企業的好感與興趣,進而獲得進一步的聯絡機會,就看求職者是否能夠掌握履歷結構與將內容精煉、去蕪存菁:

- **基本資料**:個人的基本資料,主要放在履歷最上方區塊,包含姓名、出生、電話、住址...等,當然也可以放上個人網站、社群連結...等,展示你的經歷和能力。個人資料除了必須正確與完整,電話號碼、電子郵件地址...等資料也要再次確認,以便招聘人員能夠與你聯絡。

- **大頭貼照片**:選擇五官清楚,光線明亮的照片,不要過度使用修圖或美化軟體,也盡量不要放合照或生活自拍照。

- **簡歷**:依據要申請的工作性質,條列式而且具體列出工作經驗、證照、語言能力或專業技能...等,即使沒有工作經驗,在學校參加社團及專案都可以列出,表現出學習能力和人格特質的潛力。

列印履歷需留意 "咬口"

咬口 是指印刷機或印表機在傳送紙張時,紙張被送紙裝置夾住的位置,也是印刷及加工不到的區域,大部分機器一般印刷的咬口尺寸約為 3~10mm,但如果有特殊印刷,像是軋形、燙金、打凸...等特殊工法,就要依印刷廠或機器的說明尺寸為主。

履歷一般來說不會大量印製,所以大部分會使用家中的印表機,如果想要印的精美些,會考慮送去影印行。因此在編排履歷時,需留意印表機的咬口位置,避免將重要內容擺放在咬口範圍。

2-2 快速產生履歷頁面

藉由 Canva 多種專業履歷範本提供的靈感與風格，快速產生符合求職需求與適合自己的履歷架構。

建立新專案

STEP 01 於 Canva 首頁上方，選按 **印刷品 \ 文具 \ 履歷**，建立一份 A4 履歷新專案。

STEP 02 進入專案編輯畫面，於右上角 **未命名設計-A4** 欄位中按一下，將專案命名為「個人化履歷」。

顯示尺規與輔助線

在正式進入履歷編輯前，先透過尺規與輔助線，讓後續文字或圖片可以避開印表機的 "咬口"，控制在列印範圍內。

STEP 01 選按 **檔案 \ 檢視設定 \ 顯示尺規和輔助線**，履歷邊緣會顯示尺規。

STEP 02 滑鼠指標移到左側尺規呈 ↔ 狀，往右拖曳出一條輔助線至頁面 1 公分處，依相同方法，於右側頁面邊緣 1 公分處也新增一條輔助線。

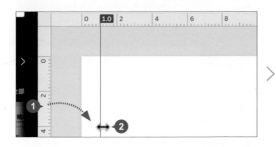 

Part 02 個人化履歷

小提示 暫時隱藏及刪除輔助線

如果要暫時隱藏尺規及輔助線，可再次選按 **檔案 \ 檢視設定 \ 顯示尺規和輔助線**。如果要刪除已新增的輔助線，可以將滑鼠指標移至輔助線上呈 ↕ 狀，再拖曳至頁面外即可刪除。

套用範本頁面

依以下步驟輸入關鍵字搜尋範本，若因 Canva 更新找不到相同範本，可開啟範例原始檔 <Part02範本>，於瀏覽器開啟連結後，選按 **使用範本** 即可使用。

STEP 01 側邊欄選按 **設計 \ 範本** 標籤，輸入關鍵字「ivory」，按 Enter 鍵開始搜尋，選按如圖範本(Canva 會依設定的尺寸，顯示符合的範本清單)。

STEP 02 進入範本會看到相關的版型設計,選按 **同時套用這兩個頁面** 鈕可以完整套用至專案;也可以選按想要的頁面,個別套用。

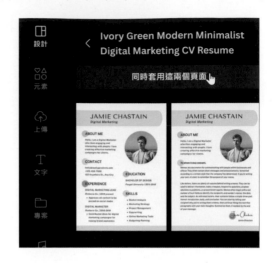

調整範本結構

參考輔助線位置,調整範本中接近 "咬口" 範圍的元素,另外可以刪除一些不必要的元素,讓履歷結構盡量符合自身需求。

STEP 01 選取頁面上方的圓角矩形,將滑鼠指標移至右側中間的控點呈 ↔ 狀,往左水平拖曳調整元素寬度。

STEP 02 頁面下方選按 ⌃ 開啟頁面清單，第 2 頁縮圖上按一下。

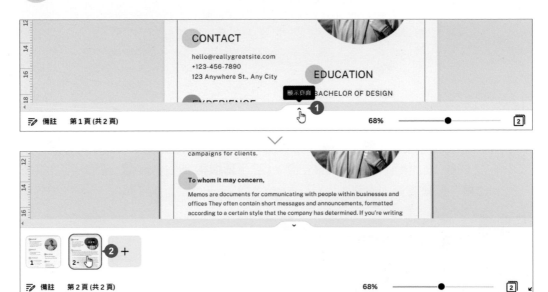

STEP 03 大頭貼照片僅需顯示在履歷的第 1 頁，因此選取第 2 頁的大頭貼照片，再選按 🗑 \ **刪除邊框**，即可刪除不需要的元素。

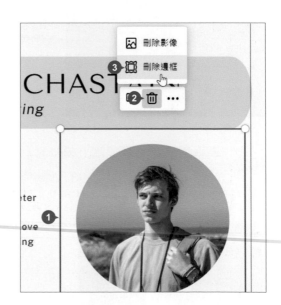

小提示 **刪除預設的照片但保留裁切形狀**

如果想要刪除 Canva 範本中的預設照片，保留原有的顯示範圍與形狀，可以選按 🗑 \ **刪除影像**。

2-3 豐富屬於你的個人履歷

一份完整又令人印象深刻的履歷，需選擇一張近期、五官端正清晰的大頭貼照片，還必須簡潔扼要的呈現基本資料、學歷、經歷及專業素養...等內容。

上傳並替換大頭貼照片

STEP 01 側邊欄選按 **上傳 \ ⋯ \ 上傳** 開啟對話方塊，選取範例原始檔 **<大頭貼.jpg>**，選按 **開啟** 鈕上傳至 Canva 雲端空間。(若 **上傳檔案** 鈕右側無 ⋯ 圖示，可先選按 **上傳 \ 影像** 標籤即會產生。)

STEP 02 頁面清單第 1 頁縮圖上按一下，於大頭貼素材上按住滑鼠左鍵不放，拖曳至範本照片上放開，完成替換。(如果拖曳放開的位置沒有在圓形範圍內，會變成插入動作。)

替換標題與內文

01 於頁面最上方，姓名的文字方塊上連按二下全選文字。

02 輸入要替換的文字。

李曉聿
Digital Marketing

03 依相同方法，將第 1 頁與第 2 頁的文字替換為合適內容 (或開啟範例原始檔 <個人化履歷文案.txt> 複製與貼上)。

小提示 上傳其他雲端空間內的素材

如果照片、影片、音訊素材已存放在雲端硬碟，如 Google Drive，可選按 ⋯ \
Google Drive，再依步驟完成帳號登入，即可連結至雲端硬碟取用需要素材。

依內文調整文字方塊位置與大小

替換了文字，文字方塊的位置可能跑掉，或是大小不符合版面，可以先調整為合適的大小跟位置。

STEP 01
頁面清單第 1 頁縮圖上按一下，按 Shift 鍵不放，選取 "聯絡方式" 及下方文字方塊，往下拖曳一些。

STEP 02
頁面清單第 2 頁縮圖上按一下，將滑鼠指標移至 "重要績效" 下方文字方塊右側呈 ↔ 狀，向右拖曳至合適大小。

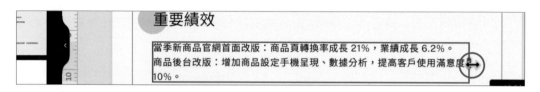

STEP 03
依 STEP 01 相同方法，調整第 1 頁 "推薦人" 下方文字方塊，第 2 頁 "專長與技能"、圓形與下方文字方塊，完成頁面如下：

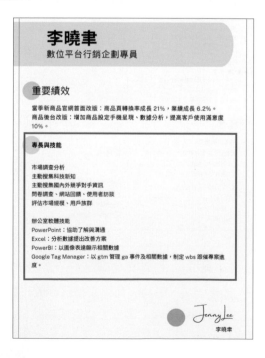

2-4 出色的文字排版技巧

文字都輸入完成之後，要調整對齊、字型、字型尺寸及套用效果...等，但也不要過於花俏的設計，可以讓履歷看起來更專業。

變更對齊方式

頁面清單第 1 頁縮圖上按一下，選取 " 關於我" 下方文字方塊，工具列選按 ▤ **對齊** 多次，切換為 ≡，即可將原本靠左對齊的文字，變更為左右對齊。

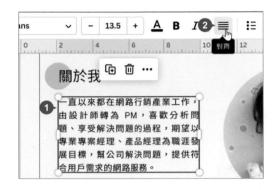

標題樣式

STEP 01 按 Shift 鍵不放選取 "關於我"、"聯絡方式"、"經歷"、"最高學歷" 及 "推薦人" 標題。

STEP 02 工具列選按 **字型** 開啟側邊欄，選擇或透過關鍵字搜尋要使用的字型。字型尺寸則是透過選按輸入，也可以選按 ＋ 或 － 來增減尺寸。

STEP 03 選取五個標題狀態下，工具列選按 **效果** 開啟側邊欄，選按 **風格 \ 陰影**，設定 **偏移：85**。

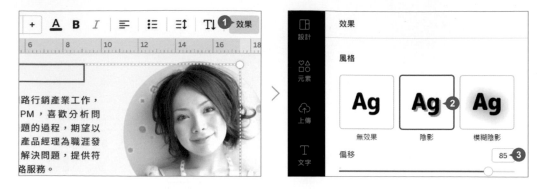

STEP 04 依相同方法，將第 2 頁標題修改為相同字型、尺寸與效果，最後再取消 "專長與技能" 的粗體樣式。

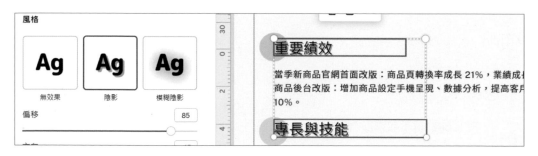

內文樣式

在第 1 頁按 Shift 鍵不放，選取所有內文文字方塊，工具列設定合適 **字型**、**字型尺寸**，再依相同方法修改第 2 頁內文。

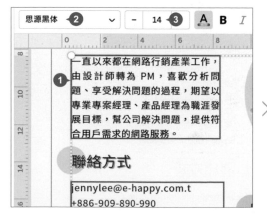
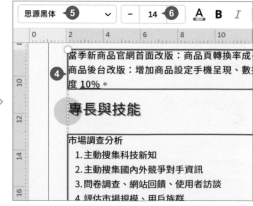

套用數字或符號清單

數字或符號清單可以讓冗長的內文條列化，讓閱讀更容易。

STEP 01 頁面清單第 2 頁縮圖上按一下，參考下圖選取 "市場調查分析" 下方文字，工具列選按 ▤ **清單** 多次，切換為 ▤，所選內文會套用數字清單。(重複選按 ▤ **清單**，可切換為無、符號與數字樣式)

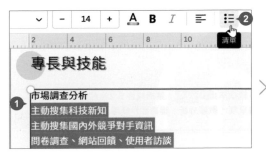
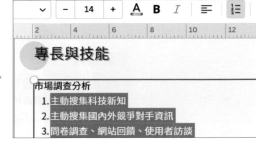

STEP 02 依相同方法，將 "辦公室軟體技能" 下方文字也加上數字清單。

取消符號清單

在第 1 頁，"推薦人" 下方的文字方塊已套用符號清單，但姓名資料不需要，所以在此取消套用。先選取 "推薦人" 下方的文字方塊，工具列選按 ▤ **清單** 多次，即可取消符號清單。

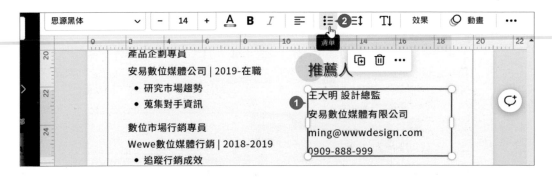

"橫式桌曆" 主要學習尺寸自訂、印刷出血、尺規與輔助線運用，還有照片、文字、圖像的設計與編修，最後結合拼貼照片範本，豐富整體設計。

- ☑ 桌曆設計原則
- ☑ 建立新專案
- ☑ 顯示印刷出血、尺規與輔助線
- ☑ 套用範本頁面
- ☑ 開啟頁面清單顯示所有頁面
- ☑ 上傳照片與替換範本照片
- ☑ 套用油漆、雙色...等特效
- ☑ 調整照片裁切範圍與位置
- ☑ 調整亮度、對比、飽和度與翻轉
- ☑ 編輯封面文字

- ☑ 周末日期以顏色凸顯
- ☑ 佈置名言佳句
- ☑ 統一所有月份的文字位置
- ☑ 調整線條粗細
- ☑ 加入節日標示元素
- ☑ 照片拼貼範本的套用與調整
- ☑ 旋轉照片與修改文字

原始檔：<本書範例 \ Part03 \ 原始檔>

完成檔：<本書範例 \ Part03 \ 完成檔 \ 橫式桌曆.pdf>

3-1 桌曆設計原則

桌曆設計的關鍵重點,包括尺寸、喜愛風格、視覺設計、訊息呈現或品牌風格...等,多方位考量,以設計出一個既實用,又美觀的桌曆產品。

製作前的溝通與確認

桌曆有壁掛式、桌上型、卡片式...等款式,使用的紙張材質、裝訂方式...等,都會影響最終成品的實用性及視覺觀感,因此需先與印刷廠確認樣式以及尺寸、費用,再進行設計。

常見的桌曆設計可分為直式與橫式,印刷方式則分為公版印刷或獨立版印刷。公版印刷,紙質或規格大多是制式 (尺寸可參考各家印刷廠所提供的版型),優點是便宜;獨立版印刷,彈性大,可自行決定紙質或尺寸大小...等優點,但費用偏高。

從設計到印刷

設計桌曆時,需注意內容是否容易閱讀、使用便利性與實用性,當然還有預算...等問題;若要作為宣傳媒介,還需符合品牌形象和推廣需求,以下是幾項桌曆設計原則:

- 🔘 **簡潔易讀**:桌曆的設計不能過於複雜或混亂,保持整體的視覺清晰。
- 🔘 **突出重點**:特殊節日、重要活動...等,可以藉由色彩、字體、圖像...等呈現。
- 🔘 **實用性**:例如需要留白區域來寫筆記、需要標註節假日、需要標記特定日期...等。

除了製作重點,如果是大量印製,與印刷廠的事前溝通也非常重要,印刷完成後,為了增加成品美觀性、防水性、耐摩擦或防褪色...等,還可以採取印後加工,像:上亮膜、霧膜、局部上光...等處理。

本章範例以最常見的打孔裝訂版型示範 (一般可選擇使用活頁膠環、雙鐵線圈、單線圈...等,邊距也會因為不同的裝訂方式而改變。),每個頁面上方需要預留約 15 mm (最少) 打孔的安全距離區,文字或重點圖片都要避開這個範圍,以免影響成品。在使用 Canva 編輯前可先顯示印刷出血、尺規與輔助線。

STEP 02 進入範本會看到相關的版型設計，選按 **套用全部 ** 個頁面** 鈕可以完整套用至專案；也可以直接選按想要的頁面，個別套用。

開啟頁面清單顯示所有頁面

頁面下方選按 ∧ 顯示頁面清單，可以看到橫式桌曆 13 頁縮圖，後續將透過頁面清單讓選按與編輯更方便。

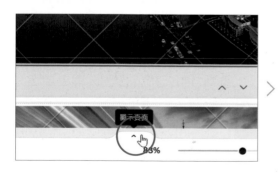

3-3 佈置自己的照片

替換成喜歡的照片後，可以套用不同的濾鏡效果、調整裁切範圍與位置，讓旅遊照片的質感可以更提升，不再只是一成不變的照片集而已。

上傳照片

STEP 01 側邊欄選按 **上傳 \ ... \ 上傳** 開啟對話方塊，在範例原始檔資料夾按 Ctrl + A 鍵選取 <03-01.jpg>~<03-21.jpg>，選按 **開啟** 鈕上傳至 Canva 雲端空間。(若 **上傳檔案** 鈕右側無 ... 圖示，可先選按 **上傳 \ 影像** 標籤即會產生。)

STEP 02 選按 **影像** 標籤即可看到上傳的照片。

替換範本照片

上傳照片後，接下來替換範本中的預設元素。

STEP 01　頁面清單第 1 頁縮圖上按一下，側邊欄選按 **上傳 \ 影像** 標籤，拖曳 <03-01.jpg> 至頁面邊緣處放開，即可將照片替換成頁面背景。(如果拖曳放開的位置離頁面邊緣太遠，會變成插入。)

STEP 02　依相同方法，參考下圖拖曳替換第 2~13 頁的照片。

套用照片特效

側邊欄還有更多照片可以套用的影像效果，如：雙色調、自動對焦、模糊化...等 (相關支援效果會依 Canva 版本有所差異)，編輯方式均相似，只要選按想套用的效果縮圖，於其設定版本調整強度或細節設定。

STEP 01 頁面清單第 6 頁縮圖上按一下，於頁面選取照片，工具列選按 **編輯照片 \ 效果** 標籤，套用 **篩選器 \ 瞭望臺** 效果。

STEP 02 頁面清單第 8 頁縮圖上按一下，於頁面選取照片，工具列選按 **編輯照片 \ 效果** 標籤，套用 **效果 \ 雙色調** 效果。

STEP 03 套用 **薄荷**，並調整合適強度。

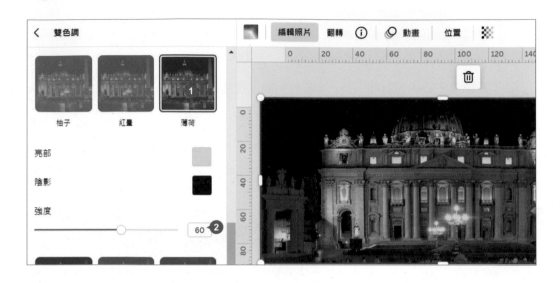

調整照片裁切範圍與位置

為照片調整合適大小與位置。

STEP 01 頁面清單第 2 頁縮圖上按一下，於頁面選取照片，工具列選按 **編輯照片 \ 裁切** 標籤。

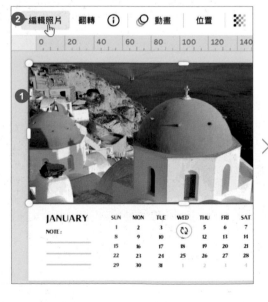 

STEP **02** 　將滑鼠指標移至四個角落控點呈 ↗ 狀，拖曳調整合適大小，將滑鼠指標移到照片上呈 ✥ 狀，拖曳移動至合適位置再選按 **完成** 鈕。

STEP **03** 　依相同方法，調整第 4 頁照片。

翻轉照片與調整亮度、對比

適當的調整照片亮度、對比度、飽和度...等設計，可以讓照片更有質感。

STEP 01 頁面清單第 5 頁縮圖上按一下，於頁面選取照片，工具列選按 **翻轉 \ 水平翻轉**。

STEP 02 選取照片狀態下，工具列選按 **編輯照片 \ 調整** 標籤，設定 **選取區域：整張圖片**，再調整 **亮度**、**對比度**，可以於右側輸入數值，或在個別設定項目下拖曳滑桿調整，向左拖曳降低強度、向右拖曳提高強度。

3-4 加入文字設計與排版

根據主題或方向，調整預設的封面標題、內頁文字，並修改樣式與表現，搭配文字，讓桌曆變得更有溫度。

編輯封面文字

在封面加上標題與年份，讓桌曆更具主題與個性。

STEP 01 頁面清單第 1 頁縮圖上按一下，於頁面如圖文字方塊上連按二下，選取所有文字。

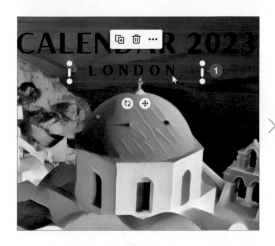 

STEP 02 輸入桌曆主題文字。

STEP 03 選取 "地中海之旅" 文字方塊，工具列選按 Ⓐ，清單中選按合適顏色套用；再於工具列選按字型名稱開啟側邊欄，清單中選按合適字型套用。

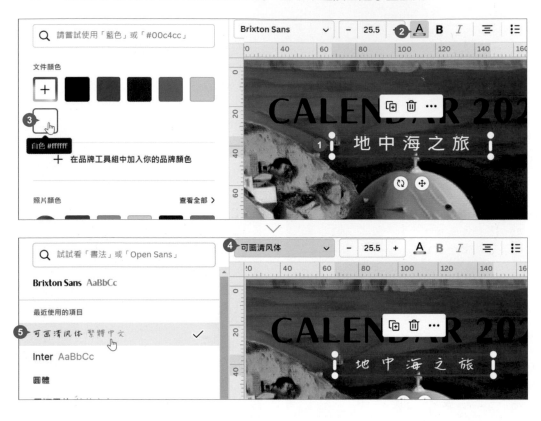

STEP 04 依相同方法調整 "CALENDAR 2023" 的文字顏色。

週末日期以顏色凸顯

將星期六與星期日的日期顏色改為綠色與紅色,方便閱讀與快速辨識。

STEP 01 頁面清單第 2 頁縮圖上按一下,按 Shift 鍵不放選取 "SAT" 及下方所有日期的 文字方塊 (也可以用拖曳方式一次選取),工具列選按 A,清單中選按合適顏色 套用。

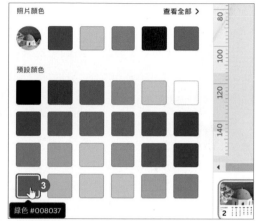

STEP 02 依相同方法,調整第 2 頁的 "SUN" 和第 3~13 頁中的 SAT、 SUN 與日期顏色。

SUN	MON	TUE	WED	THU	FRI	SAT
1	2	3	4	5	6	7
8	9	10	11	12	13	14
15	16	17	18	19	20	21
22	23	24	25	26	27	28
29	30	31	1	2	3	4

佈置名言佳句

根據範本的設計風格,將名言佳句佈置在桌曆每一頁右下角。

STEP 01 頁面清單第 2 頁縮圖上按一下, 參考右圖按 Shift 鍵不放,選取 四個文字方塊,選按 🗑 刪除。

STEP 02 於頁面 "4" 文字方塊上連按二下，輸入「格言」。

STEP 03 將滑鼠指標移至文字方塊左右二側控點呈 ↔ 狀，連按二下，文字方塊會水平放大至符合文字範圍，再拖曳至合適位置。

STEP 04 依相同方法，修改 "LOREMIPSUM" 文字 (或開啟範例原始檔 <橫式桌曆文案.txt> 複製與貼上)，並調整大小與位置。

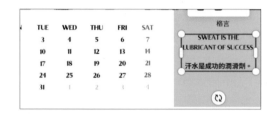

STEP 05 選取 "格言" 下方文字方塊狀態下，工具列選按 ☰ 一下變更為 ☰，將原本置中對齊文字，變更為靠左對齊，再選按 aA 將英文字還原為正常大小寫。

統一所有月份的文字位置

範本右下角預設的文字方塊，每一頁位置並不統一，以下將複製第 2 頁已完成編輯的文字方塊到其他月份，讓每一頁的格言設計看起來整齊與一致。

STEP 01 先刪除第 3~13 頁右下角的 "2023" 及下方所有文字方塊。

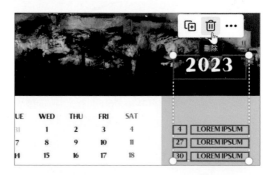

STEP 02 頁面清單第 2 頁縮圖上按一下，按 Shift 鍵不放選取 "2023"、"格言" 及下方文字方塊，按 Ctrl + C 鍵複製，再分別至第 3~13 頁，按 Ctrl + V 鍵貼上。

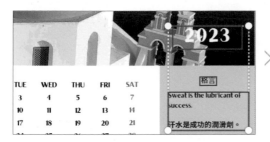

STEP 03 最後佈置第 3~13 頁中英文格言，貼上過程可能因為字數而影響了文字方塊的大小或位置，這時可以在第 2 頁拉出一條輔助線，藉此微調其他頁面的文字方塊位置。

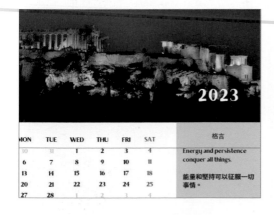

3-5 用圖像標示重要日子

不論國定假日或是特殊紀念日，都可以藉由元素的標記默默提醒，確保不會錯過任何重要日子。

調整線條粗細

頁面清單第 2 頁縮圖上按一下，按 Shift 鍵不放選取 "NOTE：" 下方的所有線條，工具列選按 ☰ 設定合適 **線條粗細** (輸入需按 Enter 鍵才會生效)，空白處按一下關閉清單，再依相同方法調整第 3~13 頁的線條。

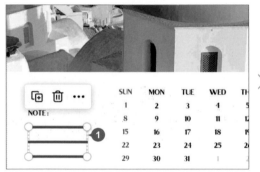 

加入節日標示元素

STEP 01 頁面清單第 2 頁縮圖上按一下，側邊欄選按 **元素**，輸入關鍵字「春聯」，按 Enter 鍵開始搜尋，選按如圖元素插入頁面。

STEP 02 將滑鼠指標移至矩形元素四個角落控點呈 ↗ 狀，拖曳調整大小，再拖曳移動至 "21" 的位置。

STEP 03 選取元素狀態下，選按 ⋯ \ **後移** 將元素移至日期下層。

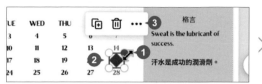 

STEP 04 由於文字顏色加上元素後較不明顯，所以在此選取 "21"，工具列選按 Ａ，清單中選按合適顏色套用。

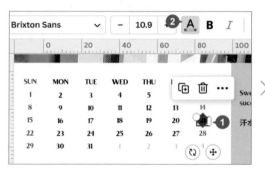 

STEP 05 選取 "21" 下方元素，選按 複製一個，然後移動至 "22" 上方，參考下圖將元素後移至日期下層，並調整文字顏色。

STEP 06 依相同方法，將 "23"、"24"、"25" 後方加上春聯元素，第 3 頁的 "14" 加上 「heart」 元素。

3-6 有質感的照片拼貼

在桌曆有限的頁數中，用有質感的範本拼貼照片，營造個性化頁面，再搭配功能性文字，讓桌曆從頭到尾，整體設計一氣呵成。

照片拼貼範本的套用與調整

STEP 01　頁面清單第 13 頁縮圖上按一下，側邊欄選按 **設計**，輸入關鍵字「照片拼貼 Beige tan」，按 Enter 鍵開始搜尋，選按如圖範本，再選按 **新增為新頁面** 鈕。

STEP 02　選按左上角的照片，按 Ctrl + A 鍵全選頁面中所有的元素，往下拖曳避開打孔區。接著選取所有元素狀態下，將滑鼠指標移到四個角落控點呈 ↗ 狀，按 Alt 鍵不放，稍往中心點拖曳，會以中心點縮小整體拼貼照片。

STEP 03 側邊欄選按 **上傳 \ 影像** 標籤，參考下圖，於照片素材上按住滑鼠左鍵不放，拖曳至範本照片上放開，完成替換。

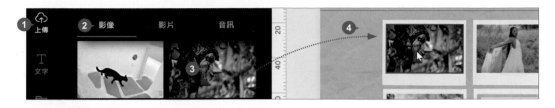

依相同方法替換其他照片。

旋轉照片

STEP 01 頁面清單第 14 頁縮圖上按一下，於頁面選取左上角的照片，按 **Shift** 鍵不放再選按下方灰色矩形。

STEP 02 將滑鼠指標移至 🔄 上呈 ↔ 狀，拖曳旋轉調整合適角度。

修改文字

STEP 01 於頁面如圖文字方塊上連按二下顯示輸入線，選取所有文字，參考下圖輸入相關文字。

STEP 02 按 [Shift] 鍵不放再選按下方灰色矩形，工具列選按 **位置** 開啟側邊欄，於 **排列** 標籤選按 **置中**，將文字對齊矩形中間，空白處按一下關閉清單。

到此即完成橫式桌曆製作，相關分享、下載與印刷方法可參考 Part 12。

Part
04

廣告傳單

文字邊框與表格整理

"廣告傳單" 主要學習基本的文字與照片編排技巧，另外搭配文字邊框效果、表格設計與 QR Code，捉住消費者目光，傳遞正確訊息與品牌形象、宣傳需求。

- ☑ 簡單卻重要的宣傳方式
- ☑ 從視覺效果到內容表達
- ☑ 建立新專案
- ☑ 顯示印刷出血
- ☑ 顯示尺規與輔助線
- ☑ 套用範本頁面
- ☑ 替換並調整傳單正面背景
- ☑ 編輯傳單正面文字

- ☑ 設計數字與形狀邊框效果
- ☑ 搭配 PowerPoint 設計中文邊框效果
- ☑ 佈置傳單背面背景
- ☑ 插入表格並調整
- ☑ 編輯表格文字
- ☑ 加入與編修字型組合範本
- ☑ QR Code 條碼產生器

原始檔：<本書範例 \ Part04 \ 原始檔>
完成檔：<本書範例 \ Part04 \ 完成檔 \ 廣告傳單.pdf>

4-1 傳單設計原則

"傳單" 廣告設計形式，包含報紙、雜誌夾帶的廣告，或路邊派送的宣傳單...等，皆是商家資訊傳遞與宣傳的最佳媒介。

簡單卻重要的宣傳方式

"傳單" 有人會說 "海報" 或 "DM"，簡單說是專門用來廣告宣傳而印刷出版的單或雙頁印刷品，讓顧客可以帶走或是拿在手上閱讀，除了會在店門口擺放供人索取或發送，早期也有很多利用 "夾報" 方式來發送傳單。

嚴格來說，實體傳單的英文名稱為 Flyer (單張傳單)，而 DM 是指 Direct Mail，是公司行號常使用的文宣廣告，一般都是附在電子郵件中 ("電子報 EDM")，因為實體傳單與電子報的行銷方式相同，都是將廣告傳遞給顧客，久而久之就變成了一種泛稱，如果在跟外國客戶說明時，小心別使用 DM 這樣的名詞，會讓客戶摸不著頭緒。

從視覺效果到內容表達

傳單的運用範圍非常廣泛，舉凡商品、店舖宣傳、選舉候選人簡介或是各式各樣的資訊傳達，都是屬於傳單的一種，以下簡單說明一份傳單設計需具備的元素：

- **設定目標受眾群**：傳單本身就是推廣某些商品或是資訊，不同的商品有不同的受眾目標，設計方向就要朝該族群設計適合他們的內容，例如：推廣銀髮族的電腦學習課程，傳單內容就要簡單扼要，字體要大、明顯，不然長輩會看不清內容。

- **凸顯主要標題**：一個好的標題勝過千言萬語，拿到傳單的人，映入眼簾一定是最大的文字或是照片，讓人可以快速明白這份傳單主要傳達的目的，例如：清倉大拍賣、買五送 ...等。

- **具說服力的照片**：照片也是傳單引入注目的重要關鍵，再多的文字也比不過一張具說服力的照片，例如：餐飲業傳單以照片呈現菜品的特色和美味，旅遊業傳單以照片呈現風景優美、團員熱鬧氣氛。

- **簡明扼要的內容**：如果要讓街道上匆忙的行人拿到傳單後，快速了解所要表達的訊息，內容需為簡明扼要，閱讀順序也需注意，例如：直式傳單由上而下，橫式傳單由左而右。

4-2 快速產生傳單頁面

利用 Canva 預設的傳單範本快速建立新專案，在開啟輔助排版的功能後，即可搜尋合適的範本套用。

建立新專案

STEP 01 於 Canva 首頁上方，選按 **印刷品 \ 傳單**，建立一份新專案。

STEP 02 進入專案編輯畫面，於右上角 **未命名設計 - Flyer (A4)** 欄位中按一下，將專案命名為「廣告傳單」。

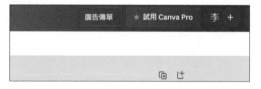

顯示印刷出血

"出血" 是印刷品都會預留的邊緣，可以預防裁切誤差導致出現白邊，排版時也要避免將重要內容擺放在出血範圍。

選按 **檔案 \ 檢視設定 \ 顯示印刷出血**，傳單邊緣會根據尺寸顯示虛線框。

顯示尺規與輔助線

設計傳單時，可以利用輔助線來設定合適
的排版邊距。

STEP 01 選按 **檔案 \ 檢視設定 \ 顯示尺規
和輔助線**，邊緣會顯示尺規。

STEP 02 滑鼠指標移到上方尺規呈 ↕ 狀，往下拖曳出一條輔助線至頁面 15mm 處。

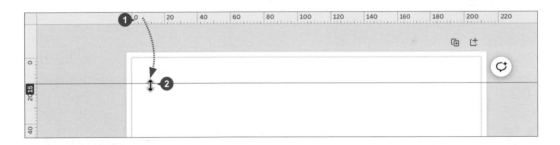

STEP 03 參考下圖，分別於頁面下方 282 mm 處，頁面左、右側 15 mm、195 mm 處新
增一條輔助線。

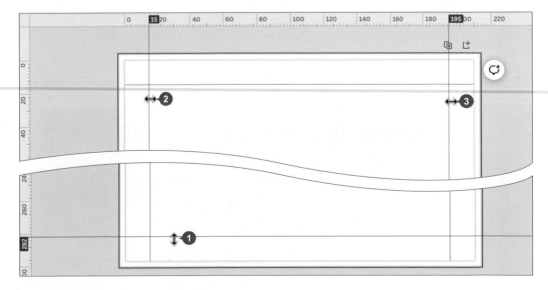

套用範本頁面

依以下步驟輸入關鍵字搜尋範本，若因 Canva 更新找不到相同範本，可開啟範例原始檔 <Part04範本>，於瀏覽器開啟連結後，選按 **使用範本** 即可使用。

STEP 01 側邊欄選按 **設計 \ 範本** 標籤，輸入關鍵字「飲料海報」，按 Enter 鍵開始搜尋，選按如圖範本。

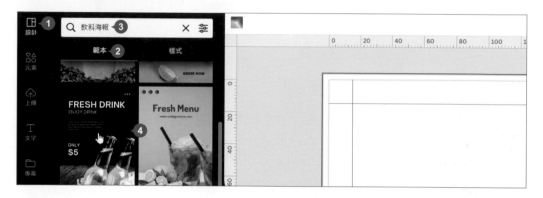

STEP 02 排版時，頁面右下角選按 **縮放** (百分比數字) **\ 符合畫面大小** 即可檢視全頁面，或拖曳下方滑桿放大或縮小頁面檢視範圍。

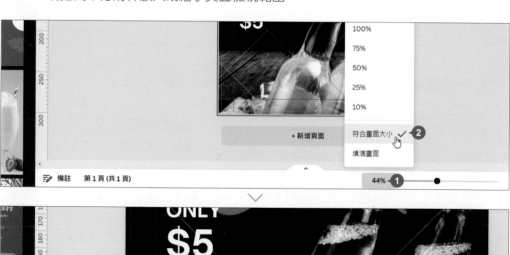

4-3 傳單正面廣告圖、文設計

使用範本中已設計好的頁面版型既快速又方便，只要替換原本的文字及照片即可完成一份好看的廣告傳單。

替換並調整頁面背景

替換或刪除基礎版型內的照片，完成頁面背景調整。

STEP 01 選取頁面如圖的酒瓶照片，再選按 🔟 刪除。

STEP 02 側邊欄選按 **照片** (或於 **應用程式** 找尋)，輸入關鍵字「奶茶」，按 Enter 鍵開始搜尋，參考下圖，拖曳照片至頁面邊緣處放開，即可將照片替換成頁面背景。(如果拖曳放開的位置離頁面邊緣太遠，會變成插入動作。)

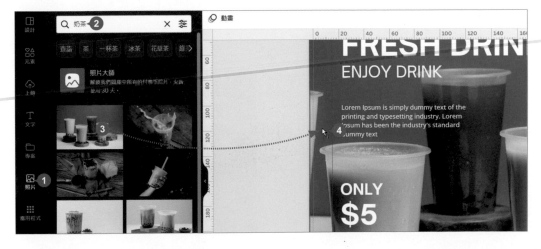

STEP
03 背景照片上按一下，工具列選按 **編輯照片 \ 裁切** 標籤，將滑鼠指標移至四個角落控點呈 ↗ 狀，拖曳放大至如圖尺寸。

 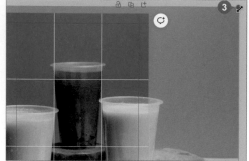

STEP
04 將滑鼠指標移到照片上呈 ✥ 狀，拖曳移動至合適位置，最後選按 **完成** 鈕，完成背景照片調整。

編輯傳單文字

完成背景的替換後，接著佈置傳單正面文字。

STEP
01 參考右圖輸入相關文字 (或開啟範例原始檔 <廣告傳單文案.txt> 複製與貼上)。

STEP 02 按 `Shift` 鍵不放，選取如圖二個文字方塊，拖曳對齊左側與上方的輔助線，接著複製下方文字方塊並貼上修改文字內容後，工具列選按 `B` 加粗，再拖曳至如圖位置擺放。

STEP 03 參考下圖，完成下方二個文字方塊的編輯，接著單獨選取商品文字方塊，工具列選按 `TI` 變更文字方向，再分別拖曳商品與價格二個文字方塊移動至如圖位置。

字型尺寸：**14**、取消粗體　　字型尺寸：**16**、取消粗體

STEP 04 利用 STEP03 調整好的第一組文字方塊 (商品 + 價格)，複製、貼上產生另外二組文字方塊，修改文字並拖曳移動至如圖位置擺放。

最後複製上方 "第二杯半價" 文字方塊，貼上並輸入「清涼盛夏特飲」文字，工具列套用 `≡` 將文字置中，最後拖曳至如圖位置擺放即完成。

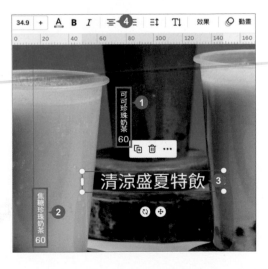

4-4 用文字邊框凸顯傳單重點

如果傳單上有需要強調的內容，可以利用文字邊框凸顯視覺效果，以下將示範二種操作方法。

設計數字與形狀邊框效果

Canva 預設已有英文、數字或形狀的邊框元素，選按插入即可套用。

STEP 01 側邊欄選按 **元素 \ 邊框**，清單中選按 **5** 與 **0** 的邊框元素插入至頁面中。

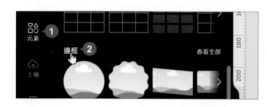

STEP 02 先將二個邊框元素左右擺放，然後按 Shift 鍵不放一次選取，工具列選按 **位置** 開啟側邊欄，於 **排列** 標籤選按 靠上 對齊，再將滑鼠指標移至邊框元素四個角落控點呈 ↖ 狀，拖曳調整至如圖大小，最後再分別拖曳移動邊框元素及文字方塊至如圖位置。

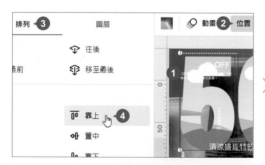

STEP 03 側邊欄選按 **元素 / 邊框**，輸入關鍵字「筆刷」，按 Enter 鍵開始搜尋，選按邊框元素插入頁面，拖曳移動至如圖位置，再拖曳調整合適尺寸。

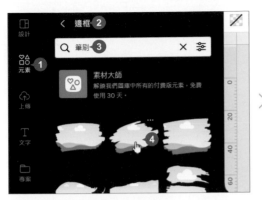

STEP 04 側邊欄選按 **照片**，輸入關鍵字「紅色」，按 Enter 鍵開始搜尋，參考下圖，拖曳該照片至 "5" 邊框元素內呈填滿狀時放開，再依相同方法完成 "0" 與右上角筆刷邊框元素的填滿 (關鍵字「水」)。

搭配 PowerPoint 設計中文字邊框效果

預設的邊框元素只有英、數字或形狀，如果欲使用中文字，可以利用 PowerPoint 來製作。

STEP 01 開啟 PowerPoint 軟體開啟空白頁面並刪除所有文字方塊，於 **插入** 索引標籤選按 **文字藝術師**，清單中選按合適樣式插入，接著輸入文字，並設定 **字型** 及 **字型大小**。

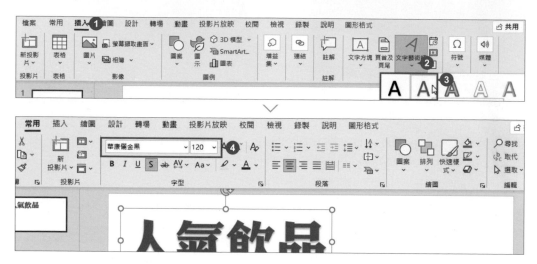

STEP 02 選取藝術文字師物件，於 **圖形格式** 索引標籤選按 **文字效果 \ 陰影 \ 無**，再選按 **文字填滿 \ 圖片** 開啟對話方塊。

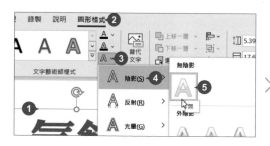 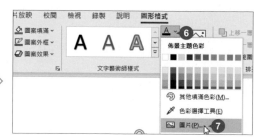

> **小提示　製作邊框文字的重點**
>
> 使用文字藝術師製作邊框文字時，不能套用 **文字外框** 及 **文字效果**，建議可以使用 Ａ 或 Ａ 的樣式再取消 **陰影** 效果。另外每組文字藝術師都算單一物件，如果要拆成一個一個文字時，則需要單獨製作每個字的文字藝術師。

STEP 03 選按 **從檔案** 開啟對話方塊,從電腦中隨意選取任一張照片 (PNG 或 JPG 格式),再選按 **插入** 鈕,完成文字填滿照片的效果。

STEP 04 於 **檔案** 索引標籤選按 **匯出 \ 建立 PDF/XPS 文件 \ 建立 PDF/XPS** 鈕開啟對話方塊,選好欲儲存的位置後,輸入 **檔案名稱**,再選按 **發佈** 鈕。

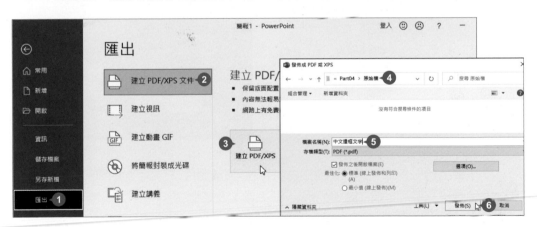

小提示 **為什麼不使用背景透明的 PNG 格式文字?**

使用影像編修軟體雖然可以製作出背景透明並填滿照片材質的 PNG 格式文字,但後續在 Canva 使用時照片卻無法分離並刪除,照片若要變更需回到軟體中重新套用。利用 PowerPoint 文字藝術師製作的文字邊框,則可以在 Canva 中更換填滿的照片,甚至可以保留文字邊框重複利用。

STEP 05 側邊欄選按 **上傳** \ **⋯** \ **上傳** 開啟對話方塊，選取剛剛製作好的 PDF 檔案，選按 **開啟** 鈕上傳至 Canva 雲端空間。

STEP 06 於頁面下方選按 **+新增頁面** 鈕增加一空白頁面，側邊欄選按 **專案** \ PDF 檔案，產生在第 2 頁。

STEP 07 選取上傳的素材，選一下滑鼠右鍵選按 **分離圖片** 將文字內的照片分離出來然後選取該照片，按 Del 鍵刪除，即完成文字邊框製作。

STEP 08 文字邊框選取狀態下，按 Ctrl + X 鍵剪下，回到第 1 頁，再按 Ctrl + V 鍵貼上，拖曳至頁面下方擺放，並調整合適大小。

STEP 09 側邊欄選按 **照片**，輸入關鍵字「blue watercolor」，按 Enter 鍵開始搜尋，參考下圖，拖曳該照片至邊框元素內呈填滿狀時放開，工具列選按 **編輯照片 \ 裁切** 標籤，完成照片調整。

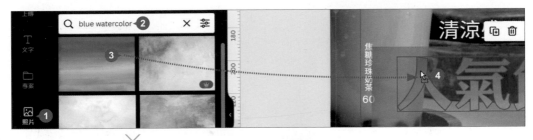

小提示 利用免費線上軟體 Figma 製作文字邊框

如果電腦沒有安裝 PowerPoint 軟體，可以使用線上免費軟體：Figma 來製作文字邊框元素，但目前字型大都以英文字型為主。

4-5 用表格設計呈現商品資訊

傳單背面，將利用表格整理商品資訊，讓品項更容易閱讀，也有助於大量文字排版。

佈置頁面背景

STEP 01 在第 2 頁，側邊欄選按 **照片**，輸入關鍵字「冰」，按 Enter 鍵開始搜尋，參考下圖，拖曳照片至頁面邊緣處放開，即可將照片放置於頁面背景。(如果拖曳放開的位置離頁面邊緣太遠，會變成插入動作。)

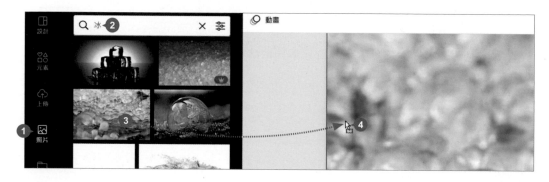

STEP 02 選取背景照片，工具列選按 ▨，設定 **透明度**：「60」，空白處按一下關閉清單，將背景照片調淡。

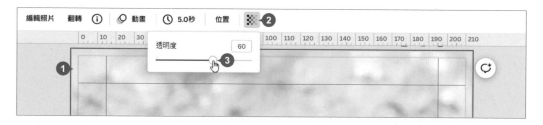

插入表格並調整

STEP 01 側邊欄選按 **元素 \ 表格**。

STEP 02 選按如圖表格元素產生至頁面。

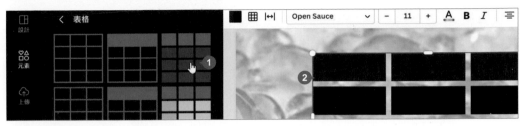

STEP 03 於表格上按一下滑鼠右鍵，選按 **新增 1 欄**，依相同方法，再新增二次共 6 欄的表格。

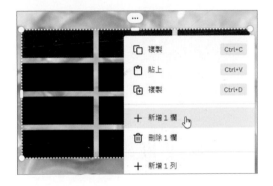
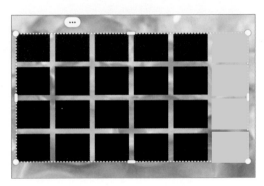

STEP 04 選取表格狀態下，將滑鼠指標移至表格第 1 欄左側控點呈 ↔ 狀，往左拖曳加大欄寬，接著再將滑鼠指標移至第 1、2 欄中間藍色線條上呈 ↔ 狀，往左拖曳調整第 1 欄寬度 (約 w:120.5)，依相同方法，參考下圖調整第 2~4 欄欄寬。

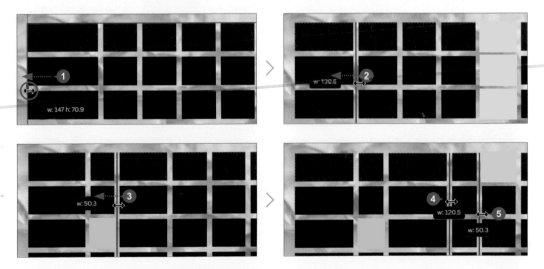

STEP 05 將滑鼠指標移至最後第 6 欄右側控點呈 ↔ 狀拖曳加大欄寬，依相同方法調整第 5 欄寬度，第 6 欄寬度則在拖曳過程中目視與第 2、4 欄差不多即可。

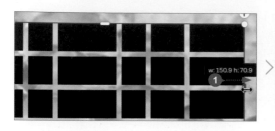

STEP 06 按 Ctrl 鍵不放，選取如圖第一、二個儲存格，按一下滑鼠右鍵選按 **合併 個儲存格**，即可將選取的儲存格合併為一個，空白處按一下取消選取。

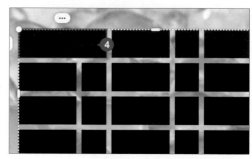

小提示 **取消合併儲存格**

如果想取消合併過的儲存格，只要選取該儲存格後，按一下滑鼠右鍵選按 **取消合併 個儲存格**，即可將合併的儲存再分割。

STEP 07 依相同方法，參考下圖，完成其他儲存格的合併。

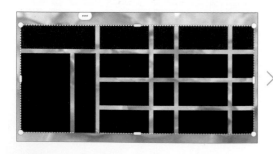
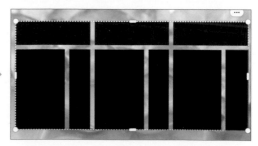

STEP 08 選取第一個合併儲存格，工具列選按 ■ 開啟側邊欄，選按 ⊞ 輸入色碼「#CB9A4F」後，按 Enter 鍵完成顏色填滿。

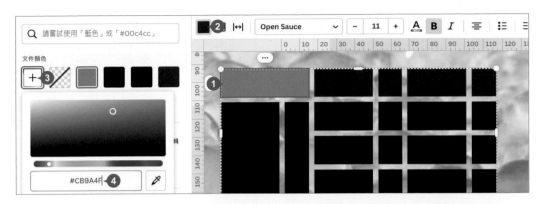

STEP 09 依相同方法，參考下圖為其他合併儲存格填滿顏色。

色碼：「#CD7342」　色碼：「#FF5757」

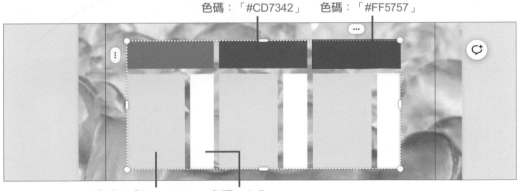

色碼：「#EBEBEB」　色碼：白色

STEP 10 選取表格，工具列選按 ↤↦，設定 **表格間距**：「8」、**資料儲存格間距**：「10」，調整儲存格之間的間距與文字離儲存格邊緣的距離。

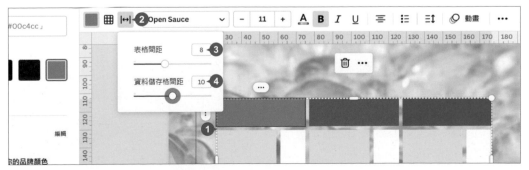

編輯表格文字

STEP 01　在欲輸入文字的儲存格上連按二下顯示輸入線，輸入相關文字 (或開啟範例原始檔 <廣告傳單文案(表格).xlsx> 複製與貼上)。

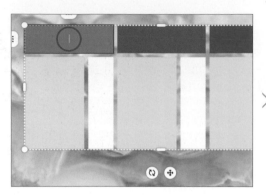 

STEP 02　空白處按一下取消選取，按 Ctrl 鍵不放，選取 "茶系列" 下方的二個儲存格，工具列選按 A 開啟側邊欄，選按 **黑色** 變更文字顏色。依相同方法，輸入另外二種系列的飲品文字與變更顏色。

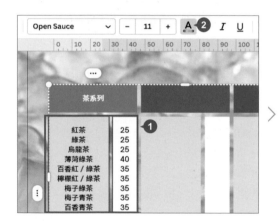 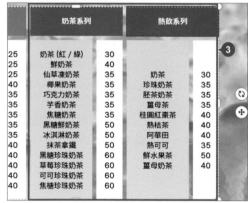

小提示　複製 Excel 表格使用

在 Excel 編輯好的表格資料可以直接複製，再於 Canva 貼上使用，但相關的 Excel 表格和儲存格樣式並不會一併複製到 Canva，需手動調整或重新套用。

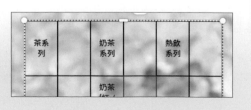

STEP 03 空白處按一下取消選取，按 Ctrl 鍵不放，選取三種系列的儲存格，工具列設定字型與尺寸，依相同方法，參考下圖分別設定飲品與價格的字型、尺寸與對齊...等。

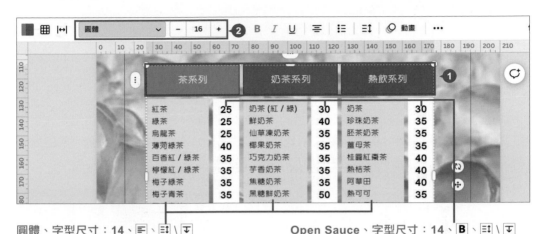

圓體、字型尺寸：14、≡、≡\ ⏬　　　　　　Open Sauce、字型尺寸：14、**B**、≡\ ⏬

STEP 04 選取任一儲存格狀態下，將滑鼠指標移至第 1 列儲存格下方藍色線條上呈 ↕ 狀，往上拖曳調整列高 (至無法縮小為止)，再拖曳表格往上移動至合適位置。(若儲存格中文字呈現二行，可利用表格四個角落控點拖曳，調整整體欄寬與列高。)

STEP 05 依相同方法，參考右圖於第一個表格下方製作一個 "咖啡系列" 表格。

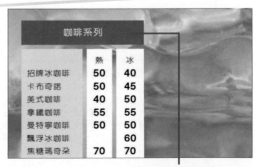

色碼：「#CD7342」

4-6 店家資訊的排版組合

完成表格的設計與編修後，最後再加入店家的相關資料、形象元素與 QR Code，讓傳單內容更完整。

加入與編修字型組合範本

側邊欄選按 **文字**，選按合適的字型組合範本 (關鍵字「completion」)，再變更文字內容 (可開啟範例原始檔 <廣告傳單文案.txt> 複製與貼上)，也可以搭配一個可愛的元素 (關鍵字「飲料」)，另外在頁面右下角加入店家相關資訊。

製作 QR 代碼

最後在店家資訊上方佈置 QR Code，側邊欄選按 **應用程式 \ QR 代碼**，在 **URL** 欄位按一下滑鼠左鍵，輸入網址 (或開啟範例原始檔 <廣告傳單文案.txt> 複製與貼上)，選按 **產生 QR 代碼** 鈕，調整大小與位置。

到此即完成廣告傳單製作，相關下載、分享與印刷方法可參考 Part 12。

大型活動海報

結合多樣設計元素

"大型活動海報" 主要學習自訂尺寸、加入字型組合範本與文字方塊、利用 Pexels 應用程式取得照片、套用邊框、圖像與形狀運用、加入行動條碼...等功能。

☑ 海報設計原則　　　　　　　☑ 插入邊框

☑ 自訂海報尺寸　　　　　　　☑ 利用 Pexels 應用程式取得更多照片

☑ 顯示印刷出血　　　　　　　☑ 調整邊框位置與大小

☑ 套用範本頁面與調整原有結構　☑ 圖像插入與雙色調套用

☑ 編輯海報基本內容　　　　　☑ 調整透明度、大小、位置、角度

☑ 加入字型組合範本　　　　　☑ 形狀建立、調整與文字輸入

☑ 新增文字與複製格式　　　　☑ 加入行動條碼與最後調整

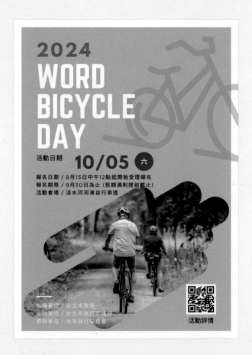

原始檔：<本書範例 \ Part05 \ 原始檔>
....
完成檔：<本書範例 \ Part05 \ 完成檔 \ 大型活動海報.pdf>

5-1 海報製作設計原則

海報是一種大眾化的行銷工具，具有傳播訊息的作用，對組織活動、商品促銷...等也有一定程度的宣傳效力，透過以下注意事項，精準掌握自己的海報。

關於輸出尺寸

一般來說，海報都會張貼在佈告欄或其他區域，所以會有一定的觀看距離，除非走近看，不然海報中的資訊不一定看的清楚，這時確認海報目的與尺寸就很重要了。

尺寸小的海報不適合放進太多資訊，例如房屋出租海報，就只會顯示斗大的文字與聯絡方式，如果想要加入圖片與更多詳細的資訊，就必須選擇較大的海報尺寸，藉由足夠的版面來設計這些圖文內容，因此掌握正確的海報尺寸，才能確保最終的成品達到宣傳與傳遞訊息的目的。以下整理適合印表機及大圖輸出的常規尺寸供設計參考：

- A4 (21cm x 29.7cm 印表機列印)
- A3 (29.7cm x 42cm 印表機列印)
- A2 (42cm x 59.4cm 大圖輸出)
- A1 (59.4cm x 84.1cm 大圖輸出)
- A0 (84.1cm x 118.9cm 大圖輸出)

打造視覺效果達到訊息傳遞

海報標題很重要，它會是最主要，也是最明顯的元素，因此選擇閱讀性佳的字體，將它擺放在頁面中間或頂端，藉此突顯海報主題。

另外資訊的呈現，不外乎人、事、時、地、物，海報中不僅要簡潔標示內容、發生的地點與時間...等，還要控制大小、對比，利用排版與標題產生視覺上的層次結構，進而讓重要細節得以看清楚。

最後則是可以搭配行動條碼，將活動細節、報名管道、注意事項...等訊息，藉由不同形式的導引，讓宣傳可以更全面也更完整。

5-2 自訂海報尺寸

Canva 海報範本預設尺寸為 42 × 59.4 公分 (A2)，如果想要到印刷廠大圖輸出，或使用其他系列紙張的印刷尺寸時，可以透過自訂建立符合的尺寸。

建立新專案

STEP 01 於 Canva 首頁上方，選按 **自訂尺寸** 鈕，清單中自訂單位、**寬度** 與 **高度**，選按 **建立新設計** 鈕，建立一份新專案。(Canva 預設海報範本可以選按 **首頁 \ 印刷品 \ 行銷 \ 海報**)

STEP 02 進入專案編輯畫面，於右上角 **未命名設計- 59.4 公分 × 84.1 公分** 欄位中按一下，將專案命名為「大型活動海報」。

顯示印刷出血

"出血" 是印刷品都會預留的邊緣，可以預防裁切誤差導致出現白邊，排版時也要避免將重要內容擺放在出血範圍。

選按 **檔案 \ 檢視設定 \ 顯示印刷出血**，海報邊緣會根據尺寸顯示虛線框。

套用範本頁面

依以下步驟輸入關鍵字搜尋範本，若因 Canva 更新找不到相同範本，可開啟範例原始檔 <Part05範本>，於瀏覽器開啟連結後，選按 **使用範本** 即可使用。

側邊欄選按 **設計 \ 範本** 標籤，輸入關鍵字「tower」，按 Enter 鍵開始搜尋，選按如圖範本 (Canva 會依設定的尺寸，顯示符合的範本清單)。

調整範本原有結構

針對活動欲呈現的內容，調整海報原有的設計架構。

STEP 01 頁面按一下，工具列選按 ■ 開啟側邊欄，**文件顏色** 選按 **白色**。

STEP 02 參考下圖，分別選取預設的二個文字方塊，選按 回 刪除。

範本中的鐵塔為付費元素，與 "單車" 活動主題不符合，所以此處先刪除，後續再加入合適免費元素。選取鐵塔元素後，選按 🔓 解除鎖定，再選按 🗑 刪除。

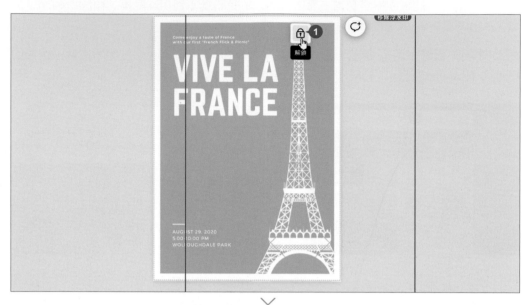

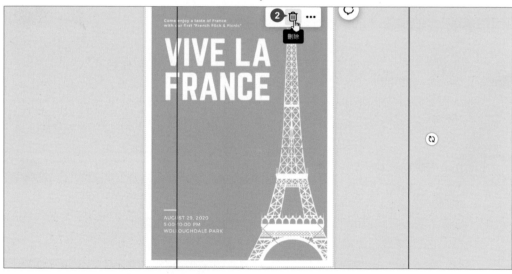

5-3 明確傳達活動目的與資訊

透過明顯的標題、清晰的字體和正確內容，有效傳達活動訊息，讓受眾可以流暢閱讀，快速讀取重點並引起共鳴。

編輯海報基本內容

STEP 01 頁面最上方的文字方塊上連按二下選取全部文字，輸入如圖文字。選取文字方塊狀態下，工具列設定字型、尺寸與文字顏色。

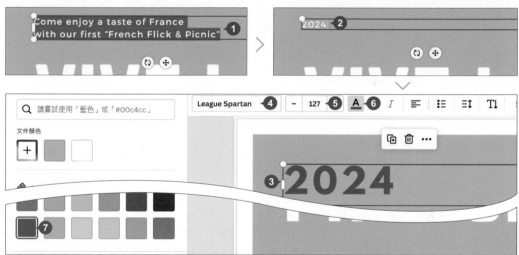

STEP 02 依相同方法，參考右圖完成其他文字方塊編輯。(或開啟範例原始檔 <大型活動海報文案.txt> 複製與貼上)

預設字型、**字型尺寸：228**；利用 Enter 鍵分段。

預設字型與尺寸

加入字型組合範本

Canva 文字設計，可新增標題、副標題、內文或使用字型組合範本，在此藉由合適的字型組合範本快速建立與編輯活動日期。

STEP 01 側邊欄選按 **文字**，輸入關鍵字「triomphe」，按 Enter 鍵開始搜尋，選按如圖字型組合範本，接著於頁面的字型組合範本中選取如圖預設文字方塊，再選按 🗑 刪除。

STEP 02 參考下圖，佈置 "活動日期" 的字型、尺寸與顏色，然後選取文字方塊狀態下，選按 **取消群組**。

字型、尺寸維持預設，取消 **粗體**。　**League Spartan**、**120**、紅色。

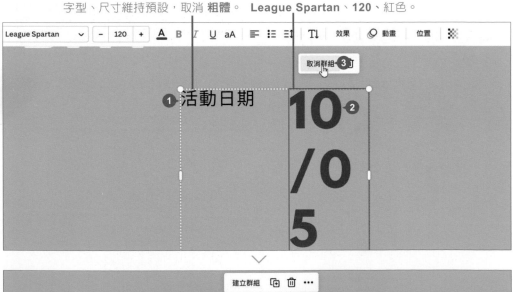

STEP 03 選取 "10/05" 文字方塊，將滑鼠指標移至右側控點上呈 ↔ 狀，連按二下，文字方塊會水平放大至符合文字範圍。

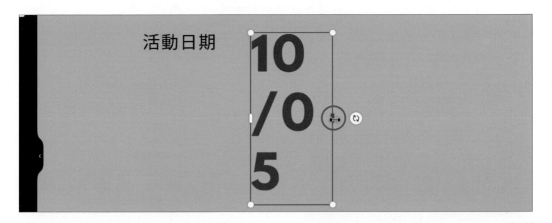

STEP 04 按 Shift 鍵不放選取二個文字方塊，選按 **建立群組**。拖曳文字群組至 "DAY" 文字下方，移至頁面邊距附近時，會出現紫色實線方框，同時選取的元素會被吸引自動對齊，如下圖對齊左側邊距。

將文字群組拖曳移動，會出現水平輔助線，參考下圖位置擺放。

新增文字與複製格式

利用文字方塊,將報名日期、期限與活動會場資訊佈置於活動日期下方。

STEP 01 側邊欄選按 **文字 \ 新增少量內文**,新增一文字方塊,輸入活動資訊 (或開啟範例原始檔 <大型活動海報文案.txt> 複製與貼上)。

STEP 02 選取海報下方的文字方塊,選按 **⋯ \ 複製樣式**,將油漆滾筒圖示移至欲套用的文字方塊上,按一下套用。

STEP 03 選取文字方塊狀態下,工具列設定 **A**:**黑色**,並拖曳對齊左側邊距,移至如圖位置。

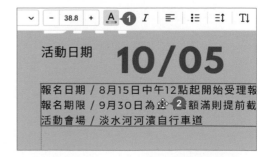

5-4 使用照片和邊框發揮創意

善用照片為活動造勢、傳遞訊息，並藉由各式各樣的創意邊框帶出設計感，
彰顯版面配置，讓照片更完美。

插入邊框

側邊欄選按 **元素**，輸入關鍵字「asymmetrical」，按 Enter 鍵開始搜尋，**邊框** 標籤選
按如圖邊框元素，產生在頁面。

利用 Pexels 應用程式取得更多照片

Canva 雖然內建許多高品質免費元素，卻總找不到符合設計的照片？或喜歡的卻偏偏
要付錢？這時可以連結到第三方應用程式，像 Pexels 和 Pixabay 免費線上圖庫，讓照
片的取得與使用更多元。

STEP 01 選取邊框狀態下，側邊欄選按 **應
用程式 \ Pexels**。(首次操作需選
按 **使用** 鈕)

(Pexels 上所有相片和影片均可
免費下載及使用，但使用時還是
需要遵守基本規定，詳情請參考
官方說明：https://www.pexels.
com/zh-tw/license/)

調整透明度

選取元素狀態下，工具列選按 ▨ ，設定 **透明度：30**。

調整位置、大小、角度

STEP 01　選取元素狀態下，先拖曳至海報右上角位置，將滑鼠指標移至元素四個角落控點呈 ↗ 狀，拖曳調整合適大小 (實際數值可以參考 **w**、**h** 資訊)。

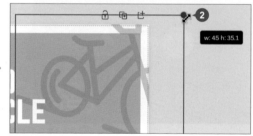

STEP 02　將滑鼠指標移至 ↻ 上呈 ↔ 狀，拖曳旋轉調整合適角度 (旋轉中可以看到角度資訊)，最後再微調擺放位置。

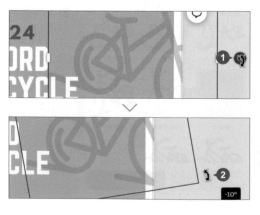

5-6 形狀創造視覺趣味

形狀是海報設計中一個重要元素，運用任意形狀，或是結合多個形狀...等表現形式，可以強調重點，或是創造不一樣的視覺效果。

形狀的建立與調整

海報上除了顯示活動日期外，希望可以透過形狀元素設計星期數字，讓受眾看過後馬上有印象，快速掌握正確時間。

STEP 01 側邊欄選按 **元素 \ 線條和形狀 \ Start Burst 3**，產生在頁面。

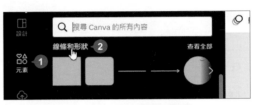

STEP 02 選取元素狀態下，工具列選按 **位置** 開啟側邊欄，於 **排列** 標籤選按 **移至最前**，先調整一下順序。

5-7 加入 QR 代碼與最後調整

QR 代碼在海報設計上是一個重要的引導媒介，像是活動相關網站、報名資訊或表單...等，都可以透過掃描，讓受眾取得更完整的服務。

STEP 01 海報右下角的 QR 代碼，可參考 P4-22，透過側邊欄 **應用程式 \ QR 代碼** 產生，調整大小與位置；另外利用側邊欄 **文字 \ 新增少量文字**，建立 "活動詳情" 文字方塊，調整字型、字型尺寸後放置在 QR 代碼下方。

STEP 02 按 Shift 鍵不放，選取線條與文字方塊，選按 **建立群組**。

STEP 03 按 Shift 鍵不放，選取群組元素和 "活動詳情" 文字方塊，工具列選按 **位置** 開啟側邊欄，於 **排列** 標籤選按 靠下 。

到此即完成大型活動海報製作，相關分享、下載與印刷方法可參考 Part 12。

Part
06

三折頁菜單

樣式與視覺資訊圖表

了解折頁設計及排版前需注意事項，利用精美範本與視覺資訊圖表搭配，快速完成一份質感十足的餐廳菜單。

- ☑ 常見的折頁設計
- ☑ 折頁設計對應的封面及封底位置
- ☑ 將範本加入 "我的最愛" 標記星號
- ☑ 以標記星號的範本建立新專案
- ☑ 顯示印刷出血與了解印刷尺寸
- ☑ 插入視覺資訊圖表
- ☑ 變更整體配色與字型組合

- ☑ 調整各別元素與色彩
- ☑ 加入資料與相互呼應的插圖
- ☑ 鎖定元素
- ☑ 封面、封底版面文字編排
- ☑ 菜單內頁版面文字編排
- ☑ 替換照片內容
- ☑ 替換元素內容

原始檔：<本書範例 \ Part06 \ 原始檔>

完成檔：<本書範例 \ Part06 \ 完成檔 \ 三折頁菜單.pdf>

6-1 折頁印前設計需知

折頁是在印刷完成的加工動作,可以將製作好的印刷品利用機器折出所需要的樣子,以下將說明設計折頁前需要知道的事項。

常見的折頁設計

常見的折頁設計不外乎 "對折 (四個頁面)"、"包折 (六個頁面)"、"N 字折或彈簧折 (六個頁面)" 及 "開門折或稱觀音折 (八個頁面)",根據不同設計使用的紙尺寸也不盡相同,以 A4 尺寸來說,可能適合使用包折或是 N 字折的設計,這樣在做版面設計時,不會因為排版範圍太過細長而導致圖片太小,或是文字行數太多的狀況。可參考以下圖片了解折頁方式:

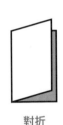
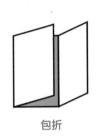
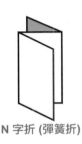
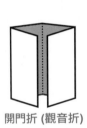

| 對折 | 包折 | N 字折 (彈簧折) | 開門折 (觀音折) |

折頁設計對應的封面及封底位置

折紙設計常用於廣告文宣、目錄簡介、菜單...等平面設計,通常會分內外頁以及封面、封底,依不同折頁方式,封面與封底的位置通常會有所變化,例如 N 字折是分別在內外頁的左頁及右頁;以本範例三折頁菜單來說,是為包折的設計,封面封底會在同一頁緊臨,可用以下簡單的方式來判定封面及封底會出現在哪一頁:

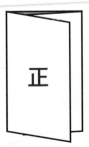
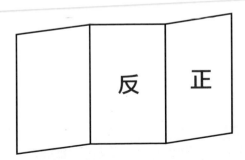

使用隨意一張紙,將它折成欲使用的折法,再用筆將封面封底標示上去。

之後將它展開,即可看到剛剛標示好的文字,既簡單又方便的判定方式。

6-2 建立專案與跨尺寸取得更多範本

建立三折頁設計專案前,可以先將欲使用的範本標記星號,方便之後可以直接開啟並套用不同尺寸的範本。

將範本加入 "我的最愛" 標記星號

依以下步驟搜尋範本,若因 Canva 更新找不到相同範本,可開啟範例原始檔 <Part06 範本>,於瀏覽器開啟連結後,選按 **使用範本** 即可使用。

利用 **篩選器** 可以將搜尋範圍局限在設定的條件中,為方便快速找出合適的範本,在此示範篩選色票的方式,讓搜尋結果更精準。

STEP 01　Canva 首頁左側選單選按 **範本**,於 **所有範本** 選按 **行銷 \ 小冊子** 搜尋三折頁相關範本。

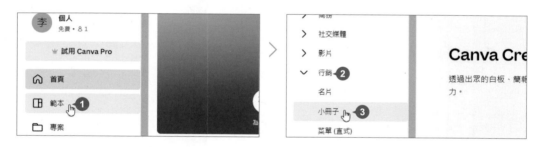

STEP 02　第一個範本:畫面上方選按 **美食小冊子**,接著於左側 **篩選器** 下方選按 **顏色 \ 新增顏色**,色票欄位輸入「#EC6408」,選按 **套用** 鈕。

STEP 03 將滑鼠指標移至如圖範本上方,選按 ☆ 標記星號。

STEP 04 第二個範本:左側選單選按 **行銷 \ 視覺資訊圖表**,畫面上方選按 **>** 顯示更多範本類型,再選按 **簡易視覺資訊圖表**。

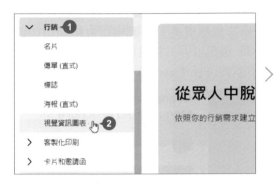

STEP 05 依相同方法,利用 **篩選器** 搜尋色票「**#EDDDC6**」,再將滑鼠指標移至如圖範本上方,選按 ☆ 標記星號。

6-3 利用視覺資訊圖表提升吸引力及理解力

對排版不懂的新手來說，要將許多文字及圖片編排到版面中可能會覺得有些辛苦，這時可以直接套用視覺資訊圖表範本省下許多設計時間。

視覺資訊圖表可以生動有趣地呈現資料、數據，一個適當的標題，再將資料依順序或大小分層、圖形或色彩...等創意搭配，掌握視覺動線，讓人一看就懂。

插入視覺資訊圖表

參考以下操作方式，將不同尺寸的範本加至目前專案中。

STEP 01 頁面下方確認已關閉頁面清單 (選按 ∨ 可關閉)，於第 2 頁下方選按 **+ 新增頁面** 新增一空白頁面，側邊欄選按 **專案 \ 資料夾 \ 已標記星號**。

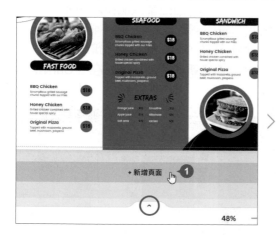

STEP 02 **已標記星號** 清單中，如圖選按之前已標記星號的視覺資訊圖表範本套用於第 3 頁。

STEP 03 第 3 頁空白處按一下，按 `Ctrl` + `A` 鍵選取頁面上所有元素，再按 `Ctrl` + `C` 鍵複製所有元素；複製完成後，於第 3 頁右上方選按 🗑 刪除頁面。

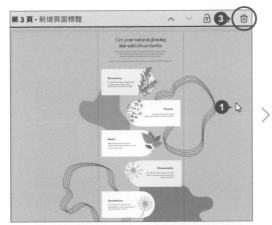
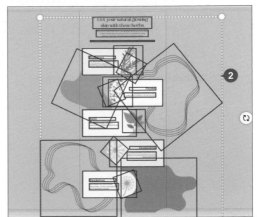

STEP 04 第 1 頁拖曳選取最左頁上方的元素，按 `Del` 鍵刪除；考量以免費素材示範，選取下方圓形元素，按 `Del` 鍵二次刪除照片及邊框元素。

STEP 05 `Ctrl` + `V` 鍵將剛複製的視覺資訊圖表元素貼至第 1 頁，拖曳至如圖位置擺放。

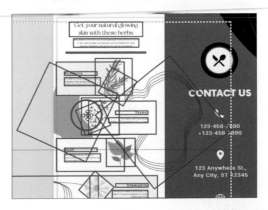

變更整體配色與字型組合

利用 **樣式** 功能快速變更範本整體的配色與字型樣式。

STEP 01 側邊欄選按 **設計 \ 樣式** 標籤，分別會有 **調色盤、字型集、影像調色盤、配色與字型組合** 項目。

 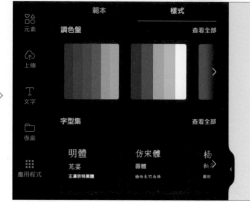

STEP 02 在此示範選按 **配色與字型組合**，清單中選按如圖樣式套用，再選按 **套用至所有頁面**。(參考下圖多套用幾次直到配色相似)

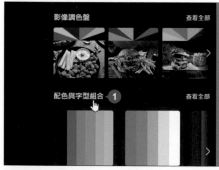 

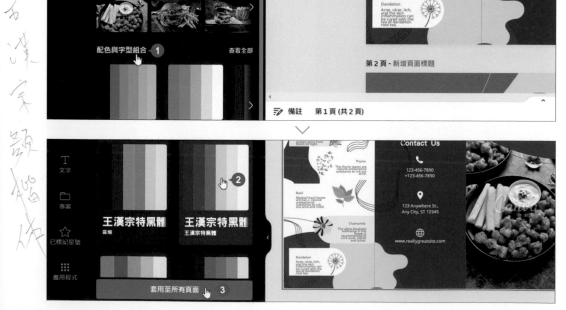

調整各別元素與色彩

針對頁面中部分元素單獨調整、刪除或顏色變更。

STEP 01 切換至第 1 頁，按 Shift 鍵不放，參考右圖將元素一一選取，按 Del 鍵刪除。

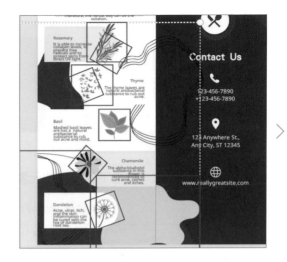

STEP 02 選取如圖元素，選按 ⋯ \ **圖層** \ **移至最後**，將元素移至中間頁面色塊的下方。

STEP 03 考量以免費素材示範，利用頁面縮放滑桿放大頁面，可以看到第 1 頁右頁封面照片上有一個圓點元素，選取後按 Del 鍵刪除；切換至第 2 頁，選取頁面左上角二個文字方塊，按 Del 鍵刪除。

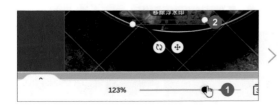

STEP 09 接下來可以使用複製完成其他資訊圖表項目，選取第一個群組，選按 複製，拖曳至下方如圖位置擺放。(可利用輔助線來對齊或是等距)

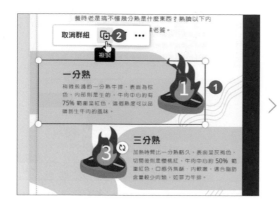 

STEP 10 依相同方法，分別完成第四、五個群組複製與移動。

STEP 11 參考右圖，輸入相關文字，再變更火元素上的數字，完成視覺資訊圖表設計。

6-4 文字編排讓菜單好閱讀

Canva 範本預設的版面設計已非常出色，直接替換文字內容使用，再稍微
調整合適的視覺效果就更加完美了。

鎖定元素

加入文字前可以先將一些不會動到的元素鎖定，方便後續編排操作。

第 1 頁，按 Shift 鍵不放選取如圖三個元素，選按 ⋯ \ 鎖定 將這三個元素鎖定。(鎖定
後的元素不可拖曳移動或縮放，方便在選取文字調整或移動時不會受到影響。)

封面、封底版面文字編排

將封面與封底的文字替換過，搭上合適的字型尺寸與顏色即完成。

STEP 01 輸入相關文字 (或開啟範例原始
檔 <三折頁菜單文案.txt> 複製與
貼上)。

參考下圖，分別完成餐廳名稱、英文名稱以及副標題字型、字型尺寸、顏色及透明度的相關設定，再拖曳擺放至如圖位置。

王漢宗特黑體、字型尺寸：32、白色

王漢宗特黑體、字型尺寸：28、
白色、透明度：60

圓體、字型尺寸：10、白色

選取電話元素，拖曳擺放至如圖位置，再按 Shift 鍵選取文字方塊，拖曳至合適的位置擺放。

04 拖曳電話號碼至如圖位置對齊擺放，完成後選取 "預約電話" 文字方塊，選按 複製另一個文字方塊。

05 將剛剛複製的文字方塊拖曳移至下方位置擺放，替換文字內容，再完成元素與地址文字方塊的擺放，最後依相同方法，完成 "官方網站" 與網址文字方塊編排。

菜單內頁版面文字編排

接著調整與替換內頁文字內容。

01 切換至第 2 頁，參考下圖輸入相關文字 (或開啟範例原始檔 <三折頁菜單文案.txt> 複製與貼上)，工具列選按 Ⓐ 開啟側邊欄，設定 **文件顏色：白色**。

02 按 Shift 鍵不放選取如圖文字方塊，再按 Del 鍵刪除。

03 選取下圖二個文字方塊拖曳至如圖位置擺放，工具列選按 ≡ 呈 ≡ 讓文字置中，再選按 **建立群組**。

STEP
04 選取文字方塊群組後，選按 🔁 三次複製。

STEP
05 參考下圖將四個文字方拖曳擺放至如圖位置，工具列選按 **位置** 開啟側邊欄，於 **排列** 標籤選按 🔤 及 🔳 讓文字方塊對齊置中及垂直平均分配間距。

STEP
06 參考下圖輸入相關文字，側邊欄選按 **文字 \ 新增少量內文**，於頁面插入文字方塊並輸入「or」，參考下圖，設定字型尺寸...等設定，再拖曳移動至如圖位置擺放。

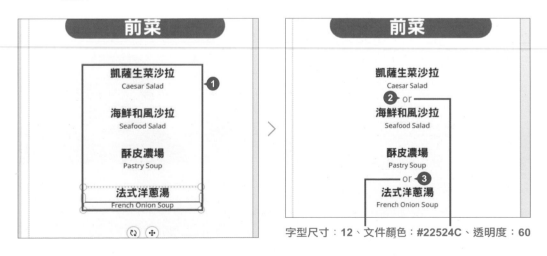

字型尺寸：**12**、文件顏色：**#22524C**、透明度：**60**

STEP 07 參考下圖輸入相關文字,再將色塊中的文字變更為白色,最後選取中間頁下方及右側中間的文字方塊,按 Del 鍵刪除。

STEP 08 複製 "前菜" 下方文字方塊佈置於 "飲品" 下方,再複製 "主食" 前三個文字方塊佈置於下方,參考下圖輸入相關文字,這樣就完成內頁版面編排設計。

6-5 用照片開啟美食視覺饗宴

完成所有文字內容的編排後，最後只要替換菜單中的照片即可以完成一份精美的菜單設計。

替換照片內容

STEP 01 切換至第 1 頁，側邊欄選按 **照片**，輸入關鍵字「牛排」，按 Enter 鍵開始搜尋，如圖照片上按住滑鼠左鍵不放，拖曳至範本照片上放開，完成替換。

STEP 02 依相同方法，參考下圖調整第 2 頁範本照片內容。

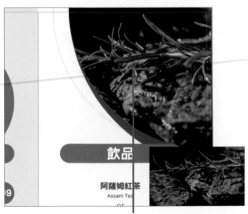

照片 元素：關鍵字「牛排」

照片 元素：關鍵字「牛排」，需拖曳照片至大約此位置完成替換。

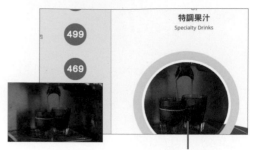

照片 元素：關鍵字「沙拉」 　　　　　　　　　　　　照片 元素：關鍵字「義式咖啡」

替換付費元素

考量以免費素材示範，第 1 頁的地球與圓形元素需要付費使用，因此各別選取後刪除，再以合適的元素插入。

STEP 01 側邊欄選按 **元素**，輸入關鍵字「web」，按 Enter 鍵開始搜尋，於 **圖像** 選按合適的元素插入，拖曳至如圖位置並縮放大小。

STEP 02 側邊欄選按 **元素**，關鍵字欄位右側按 X 清除關鍵字，於 **線條和形狀** 選按圓形元素插入，拖曳至如圖位置並縮放大小，最後設定顏色與框線樣式。

不填色、框線顏色：#D13B02、框線粗細：**14**

到此即完成三折頁菜單製作，相關下載、分享與印刷方法可參考 Part 12。

旅遊提案電子書

長文件與數據圖像化

長文件編排除了呈現專業，更要兼顧容易閱讀的特色，Canva 編排好的文件專案可轉換為線上翻頁式電子書並以網址或 QR Code 與好友分享。

☑ 提升長文件設計效率的方式　　　☑ 調整照片色調、飽合度與特效

☑ 快速取得長文件資料　　　　　　☑ 編輯圖表資料與變更類型、樣式

☑ 為長文件套用範本設計　　　　　☑ 建立目錄資料

☑ 顯示尺規與輔助線　　　　　　　☑ 指定目錄頁面連結

☑ 依輔助線佈置資料位置　　　　　☑ 設計回到目錄頁按鈕

☑ 長文件快速修正與統一樣式　　　☑ 封面設計

☑ 用網格呈現照片拼貼創意　　　　☑ 製作與分享線上翻頁式電子書

原始檔：<本書範例 \ Part07 \ 原始檔>

完成檔：<本書範例 \ Part07 \ 完成檔 \ 旅遊提案電子書.pdf>

7-1 提升長文件設計效率的方式

長文件包含常見的報告、企劃案、雜誌...等多頁文件,考量於 Canva 匯入原始文件後能快速套用範本,在此分享原始文件建置時需注意的設定。

在 Canva 編輯長文件的方式有二種:

● 直接於 Canva 首頁開啟合適的範本,再一一輸入相關資料。

● 以 Word、PowerPoint...等軟體編排好的文件檔,轉換為 Canva 可辨識的 PDF 檔案類型,再上傳至 Canva 套用範本。

此章範例 "旅遊提案電子書" 將示範第二種做法,以事先編排好的文件檔整合 Canva 專業範本與照片、圖表設計工具,並以翻頁式電子書呈現。

字型與字級設計考量

於 Canva 開啟 PDF 檔案類型的文件時,資料會切割出文字方塊與照片,其中文字方塊可修改與套用樣式。面對長文件資料內的標題、副標、內文、項目說明...等文字,Canva 目前無法準確切割出符合的文字方塊,甚至同一段落中的文字,可能會因為套用不同的字級、字型或色彩,而被切割成數個文字方塊。

因此建議,原始資料中同一段落中的文字應套用相同字級、字型與色彩,上傳 Canva 編輯時,文字才不會被切割的太過凌亂 (切割後會有文字掉行或產生怪異空白的狀況,後續操作說明時會示範整理方式)。

頁首、頁尾與頁碼設計考量

長文件資料,為方便瀏覽者清楚各頁前後順序,以及確認主題與標題,會加入頁首、頁尾或頁碼...等資訊,然而 Canva 目前沒有建立這些資訊的專屬工具,只能以新增文字方式產生,再一頁頁貼上。

若頁數較多,建議編輯原始資料時就加入,例如藉由 Word 頁首、頁尾區塊加入,或以 PowerPoint 母片模式加入,可加速完成此類型資訊的建置。

7-2 快速取得長文件資料

長文件資料可藉由 .pdf、.pptx...等檔案類型上傳 Canva，文字與照片仍可各別編輯調整，再搭配豐富的範本快速完成報告與專案。

在此示範，上傳事先於 Word 建置的文件資料並已轉換為 Canva 可辨識的 PDF 檔案類型 (Word 軟體中選按 **檔案 \ 匯出 \ 建立 PDF/XPS 文件**，即可將文件轉換為 PDF 檔案類型)，Canva 目前可以匯入多達 300 頁的 PDF，檔案大小不能超過 70 MB。

STEP 01 於 Canva 首頁上方，選按 **顯示更多 \ 報告**，建立空白報告設計專案。(若無此項目可選按右側 **⟩** 展開更多)

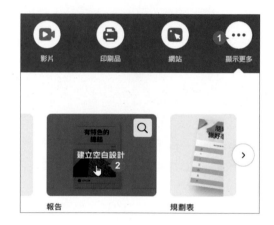

STEP 02 於右上角將專案命名為「旅遊提案電子書」，選按 **檔案 \ 匯入檔案 \ 選擇檔案**，在此示範匯入範例原始檔資料夾中的 <旅遊行程.pdf>。

7-3 為長文件套用範本設計

若想為文件的多頁資料套用範本設計，Canva 沒有類似 PowerPoint 簡報的 "母片" 功能，因此需挑選出要套用的範本設計物件並手動整理。

顯示所有頁面與新增頁面

這份旅遊提案文件共有 15 頁，預計於最前方新增二頁，成為封面與目錄頁。

STEP 01 側邊欄選按 **專案** 會看到剛剛匯入的 <旅遊行程.pdf>，選按該檔案，再選按 **套用全部 15 個頁面**。

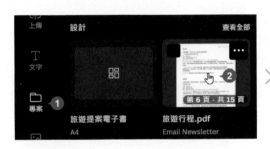

STEP 02 頁面下方確認已開啟頁面清單 (選按 ∧ 可開啟)。

STEP 03 頁面清單最右側，選按二次 ⊞，新增二頁空白頁面。按 Ctrl 鍵不放，加選二頁空白頁面並拖曳至第 1 頁縮圖前方擺放。

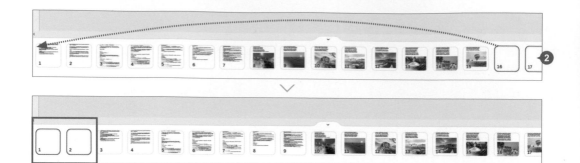

取得範本頁面

依以下步驟輸入關鍵字搜尋範本,若因 Canva 更新找不到相同範本,可開啟範例原始檔 <Part07範本>,於瀏覽器開啟連結後,選按 **使用範本** 即可使用。

STEP **01** 頁面清單第 1 頁縮圖上按一下,側邊欄選按 **設計 \ 範本** 標籤,輸入關鍵字「travel red」,按 Enter 鍵開始搜尋,選按如圖範本,再選按封面設計款式套用。

STEP **02** 頁面清單第 2 頁縮圖上按一下,如下圖選按第二款內頁設計套用。

調整範本原有結構

針對內容，調整範本原有的設計架構。

STEP 01 頁面清單第 2 頁縮圖上按一下，如圖按 [Shift] 鍵不放選取三個文字方塊，選按 [🗑] 刪除。

STEP 02 將頁面上方的設計調整為公司名稱：如圖各文字方塊上連按二下，輸入相關文字。(或開啟範例原始檔 <電子書文案.txt> 複製與貼上)

STEP 03 頁面清單第 2 頁縮圖上按一下滑鼠右鍵，選按 **複製 1 頁**，再回到頁面清單第 2 頁縮圖，選取下方圖表，選按 [🗑] 刪除。

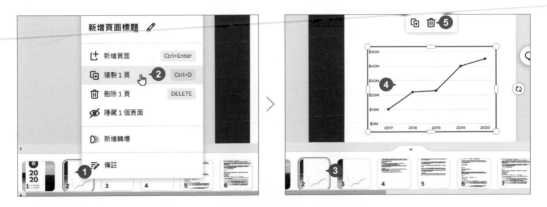

顯示尺規與輔助線

為了方便佈置後續多頁文件資料，依目前套用的範本新增輔助線，規範文件內容左、右邊界。

STEP 01 選按 **檔案 \ 檢視設定**，確認已核選 **顯示尺規和輔助線**，編輯區邊緣會顯示尺規。

STEP 02 頁面清單第 3 頁縮圖上按一下，滑鼠指標移到左側尺規呈 ↔ 狀，往右拖曳出一條輔助線至頁面 6.0 公分處，依相同方法於頁面 19.0 公分處也新增一條輔助線。

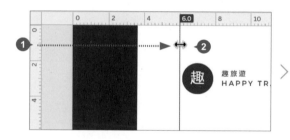

依輔助線佈置資料位置

目前專案中第 4~18 頁是一開始匯入的文件資料，接著依輔助線佈置文字方塊，以方便後續與範本設計元素整合。

STEP 01 頁面清單第 4 頁縮圖上按一下，選取標題文字方塊，滑鼠指標移至右側控點呈 ↔ 狀，拖曳至右側輔助線；再將滑鼠指標移至左側控點呈 ↔ 狀，拖曳至左側輔助線。

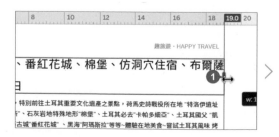

STEP 02 同樣於第 4 頁，選取內文文字方塊，滑鼠指標移至右側控點呈 ↔ 狀，拖曳至右側輔助線；滑鼠指標移至左側控點呈 ↔ 狀，拖曳至左側輔助線，完成此頁資料佈置。

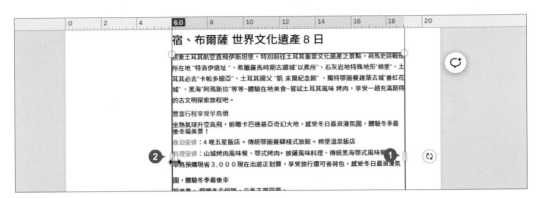

STEP 03 頁面清單第 5 頁縮圖上按一下，如下圖從 Ⓐ 點拖曳至 Ⓑ 點，一次選取標題與內文文字方塊，拖曳文字方塊對齊左側輔助線。

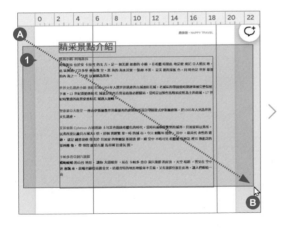

STEP 04 同樣於第 5 頁，先於頁面空白處按一下滑鼠左鍵取消選取，再選取內文文字方塊，將滑鼠指標移至右側控點呈 ↔ 狀，拖曳至右側輔助線，完成此頁資料佈置。

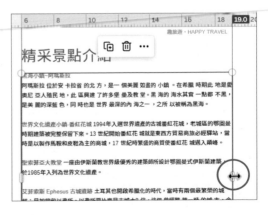

依相同方法，佈置第 6~18 頁的標題及內文文字方塊，並將各頁中的景點說明 (綠字開頭段落) 設定為 ▤ **左右對齊**，᠌ **行距**：1.8。

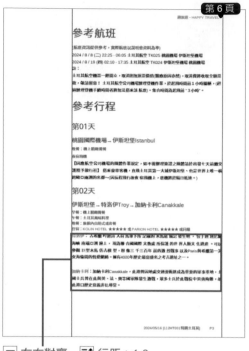

▤ **左右對齊**，᠌ **行距**：1.8。

小提示 **文件資料不規則斷行且字與字間產生空白？**

因為此份文件是匯入 PDF 檔方式產生，所以資料會有不規則斷行或字與字之間產生空白的狀況。在此佈置文字方塊時請先檢查並手動整理不規則斷行問題，後續會說明使用 **尋找及取代文字** 功能一次性修正字與字之間的空白。

第10頁

其他注意事項

第11頁

一起去旅遊‧札記分享

第12頁

第13頁

第14頁

第15頁

第16頁

第17頁

第18頁

複製並套用設計

以第 3 頁目前保留的範本元素，完成第 4 頁的佈置。

STEP 01　頁面清單第 3 頁縮圖上按一下，如下圖從 Ⓐ 點拖曳至 Ⓑ 點，一次選取頁面中所有元素，按 `Ctrl` + `C` 鍵複製。

STEP 02　頁面清單第 4 頁縮圖上按一下，按 `Ctrl` + `V` 鍵貼上前面複製的元素，再微調原來頁面二個文字方塊的位置，完成這頁佈置。

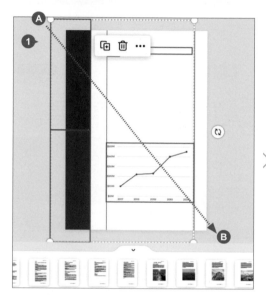 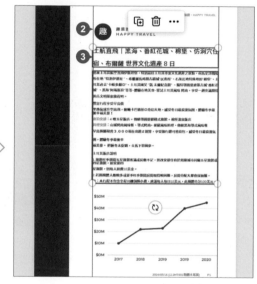

STEP 03　完成前面的複製動作後，第 3 頁已不需要，頁面清單第 3 頁縮圖上按一下滑鼠右鍵，選按 **刪除 1 頁**。

調整設計更符合內容

目前文件中 3~9 頁為旅遊行程說明，10~17 頁為旅遊心得札記分享，依相似的版型套用並稍加調整，讓設計更具整體性。

STEP 01 頁面清單第 3 頁縮圖上按一下，如下圖選取左側二個形狀元素，按 `Ctrl` + `C` 鍵複製，再分別切換至第 4~10 頁，按 `Ctrl` + `V` 鍵貼上。

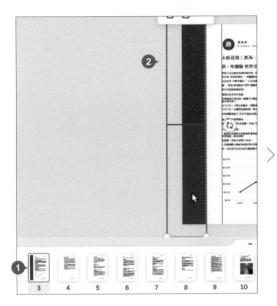

STEP 02 頁面清單第 10 頁縮圖上按一下，側邊欄選按 **照片**，輸入關鍵字「土耳其」，按 `Enter` 鍵開始搜尋，找到合適的照片後拖曳至頁面灰色形狀元素上方，放開滑鼠左鍵，完成替換。

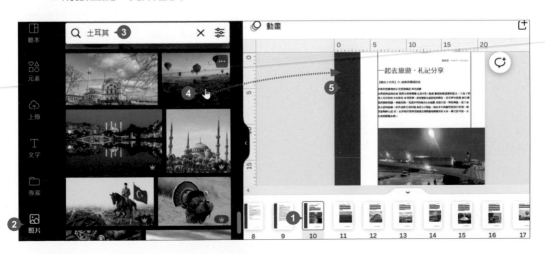

STEP **03** 頁面清單第 10 頁縮圖上按一下，如下圖選取左側二個形狀元素，按 Ctrl + C 鍵複製，再分別切換至第 11~17 頁，按 Ctrl + V 鍵貼上。

7-4 長文件快速修正與統一樣式

資料閱讀時若想要更清楚明瞭，除了需修正因轉檔產生的空白，同系列標題
也建議套用統一樣式，資料若為條列式則可加上項目編號。

不合適的資料全部取代

由 PDF 轉換的 Canva 文件，會不規則的於字與字之間產生空白，在此說明使用 **尋找
及取代文字** 功能快速修正。

STEP 01 選按 **檔案 \ 尋找及取代文字**，選按 **尋找** 欄位，按 Space 鍵產生一空白，再
選按 **全部取代** 鈕，刪除文件中所有空白 (也可選按 **取代** 鈕一個個檢查取代，
但此份文件因轉檔產生的空白數量過多，建議先全部取代，再針對當中必須保
留的空白手動輸入補上)。

STEP 02 刪除空白的動作變更了公司名稱，需再執行一次修正：選按 **尋找** 欄位，輸入
「HAPPYTRAVEL」(記得刪除前一步驟的空白)，選按 **取代為** 欄位，輸入
「HAPPY TRAVEL」再選按 **全部取代** 鈕，完成修正選按右上角 × 關閉。

複製樣式快速設計標題

文件中會有所謂的大標題、小標題、標一、標二...等，Canva 目前沒有類似 Word "樣式" 功能，在此是先套用好合適文字樣式後，藉由複製樣式的方式統一套用。

STEP 01 頁面清單第 4 頁縮圖上按一下，選取上方標題 "精采景點介紹" 文字方塊，工具列設定合適樣式，再按 Ctrl + Alt + C 鍵，複製文字樣式。

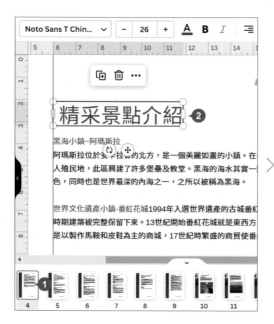 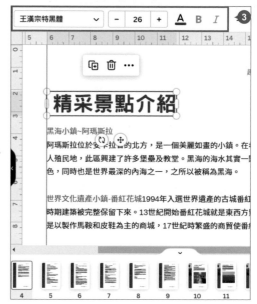

STEP 02 頁面清單第 5 頁縮圖上按一下，選取上方標題 "參考航班" 文字方塊，按 Ctrl + Alt + V 鍵，貼上文字樣式；再選取第二個標題 "參考行程"，按 Ctrl + Alt + V 鍵，貼上文字樣式。

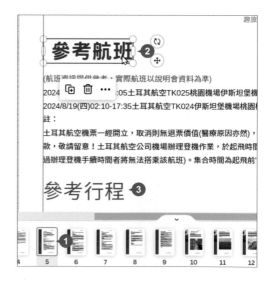

STEP 03 依相同方法，完成第 9 頁 "其他注意事項" 與第 10 頁 "一起去旅遊‧札記分享" 標題套用樣式。

調整文字樣式與套用項目符號

由 PDF 轉換的 Canva 文件，部分樣式會有所變動，例如：文字對齊、項目符號...等，需要一頁頁檢查確認，再套用合適樣式。

STEP 01 頁面清單第 3 頁縮圖上按一下，選取內文文字方塊，工具列選按 ☰ 多次，切換為 ☰ 左右對齊，讓內文看起來更整齊。

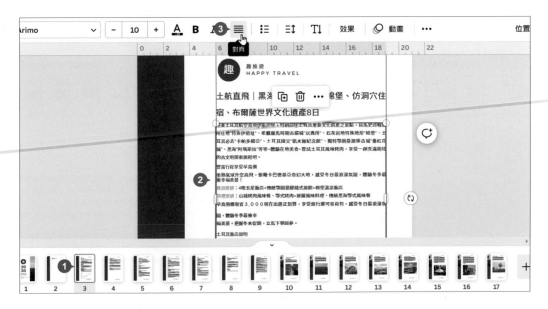

STEP 02 依相同方法，完成 4~17 頁面內文樣式檢查，統一套用左右對齊。

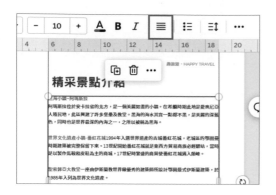

STEP 03 頁面清單第 9 頁縮圖上按一下，"其他注意事項" 原始資料已套用編號與段落凸排樣式，但轉換後樣式有所變動。選取內文文字方塊，工具列選按 ▤ 多次，切換為 ▤ 編號樣式，讓條列式說明套用編號及呈現段落凸排樣式。

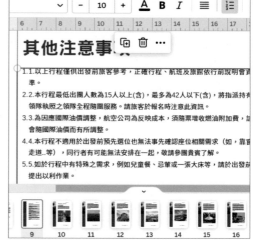

STEP 04 最後手動刪除原有的編號 "1."、"2."、"3."..."13."，完成該頁條列式說明樣式調整。

7-5 用網格呈現照片拼貼創意

"網格" 不僅可以輕鬆對齊與平衡照片之間的擺放位置，模擬出拼貼效果，還可以自動裁切、任意縮放、填色或加上文字，賦予照片更多元化設計。

插入網格

STEP 01 頁面清單第 4 頁縮圖上按一下，側邊欄選按 **元素 \ 網格**。

STEP 02 選擇合適的網格元素，產生在頁面。

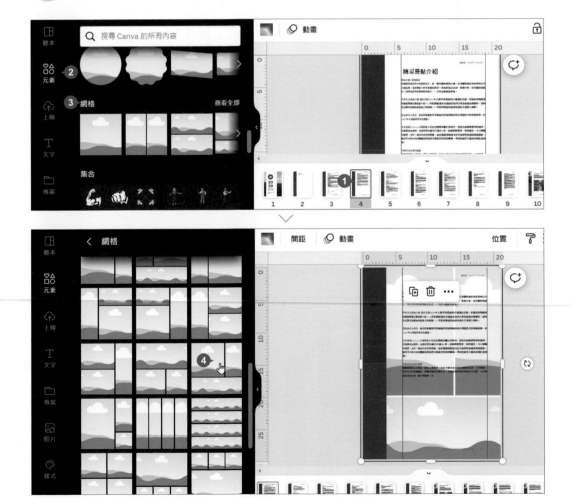

STEP 03 選取網格元素狀態下，將滑鼠指標移至元素四個角落控點呈 ↖ 狀，拖曳調整合適大小；將滑鼠指標移至元素上方、左右二側控點呈 ↕ 或 ↔ 狀，拖曳調整合適寬高，最後再微調擺放位置。

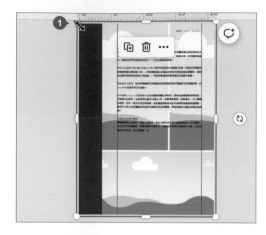

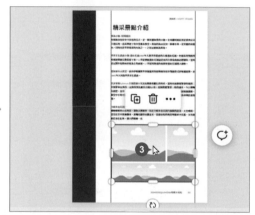

搜尋照片並套用網格

頁面清單第 4 頁縮圖上按一下，側邊欄選按 **照片**，輸入關鍵字「土耳其」，按 Enter 鍵開始搜尋，找到合適的照片後拖曳至網格元素左上角方塊上方，放開滑鼠左鍵，完成套用，以相同方法完成網格元素右上角方塊的套用。

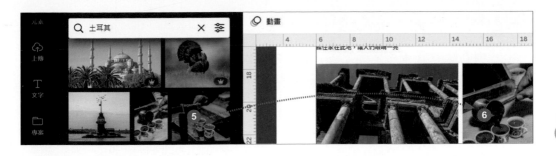

調整裁切與間距

STEP 01　頁面清單第 4 頁縮圖上按一下，選取網格元素左上角照片，工具列選按 **編輯照片 \ 裁切** 標籤，將滑鼠指標移至照片四個角落控點呈 ↗ 狀，拖曳調整合適大小，將滑鼠指標移到照片上呈 ✥ 狀，拖曳移動至合適位置，再選按 **完成** 鈕。

STEP 02　選取網格元素，工具列選按 **間距**，拖曳 **網格間距** 下方滑桿調整合適間距 (數字愈小間距愈小)。

調整照片色調、飽合度與特效

STEP 01　頁面清單第 4 頁縮圖上按一下，選取網格元素左上角照片，工具列選按 **編輯照片**，側邊欄會看到可用的編輯照片相關設定項目。

STEP 02　選按 **調整** 標籤，可調整 **亮度**、**對比度** 與 **飽合度**...等，在個別設定項目下拖曳滑桿調整，向左拖曳會降低強度、向右拖曳會提高強度；調整後即會自動套用。

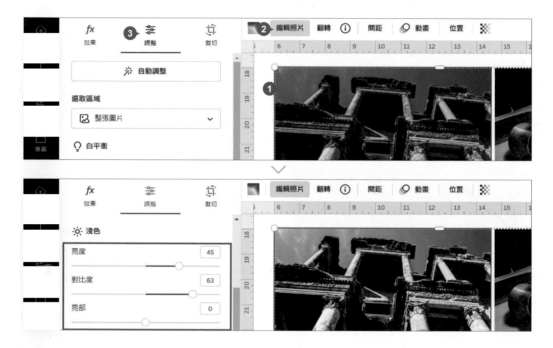

STEP 03　選取網格元素右上角照片，工具列選按 **編輯照片 \ 效果** 標籤 \ **雙色調**，此範例選按 **古典** 特效，調整後即會自動套用。

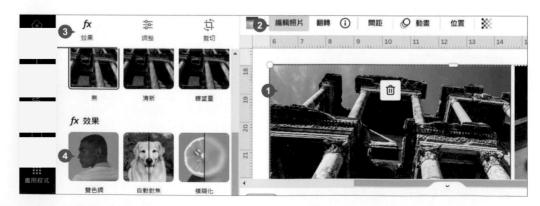

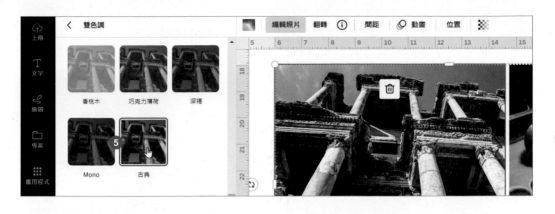

顏色與文字呈現設計風格

"網格" 除了可以加入照片，還可以填滿顏色，再加上文案，強化整體設計風格。

STEP 01　頁面清單第 4 頁縮圖上按一下，選取網格元素下方方塊，工具列選按 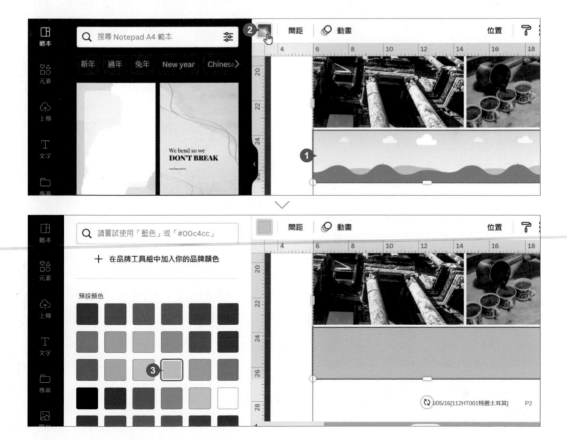，側邊欄選擇合適的顏色填入。

STEP **02** 側邊欄選按 **文字**，選按合適的字型組合範本，加入頁面。

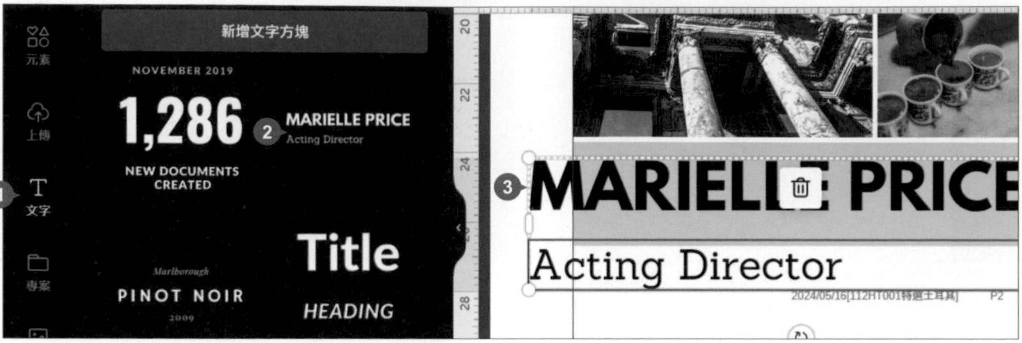

STEP **03** 將滑鼠指標移至字型組合上方呈 ⇖ 狀，拖曳至網格元素下方已填色的方塊；將滑鼠指標移至字型組合右下角控點呈 ⤡ 狀，往左上角拖曳縮放至合適大小。

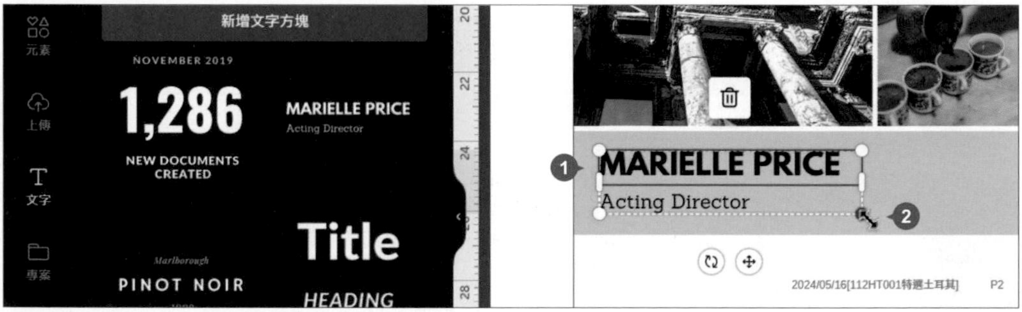

STEP **04** 最後將滑鼠指標移至字型組合右側控點呈 ↔ 狀，向右拖曳可調整字型組合內文字方塊寬度。

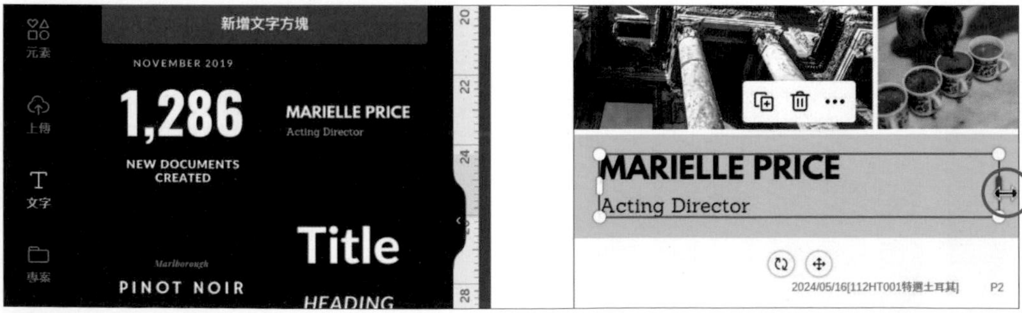

STEP 05 字型組合各文字方塊上連按二下輸入如圖文字 (或開啟範例原始檔 <電子書文案.txt> 複製與貼上)，設定字型、尺寸與顏色。

STEP 06 依相同方法，為第 8、9 頁佈置網格元素、搜尋照片並套用，呈現照片拼貼創意。

7-6 用圖表呈現資料數據更加出色

文件中，常見說明優勢、市佔率、領先指標...等統計數據，可反映現狀、強調重要問題或聚焦在特定指標，吸引客群對商品產生興趣。

輸入圖表資料或連結 CSV 或 Google 試算表

圖表設計工具非常容易使用，使用的第一步即是填入正確的資料數據。

STEP 01　頁面清單第 3 頁縮圖上按一下，選取該頁圖表元素，側邊欄會出現相關資料數據 (若無，可於工具列選按 **編輯**)。

STEP 02　側邊欄 **資料** 標籤，可於資料區輸入相關資料數據，也可於下方選按 **新增資料 \ 上傳 CSV** 鈕，開啟範例原始檔 <2022 台灣至土耳其觀光人口數.csv> 上傳，頁面中的圖表元素會立即套用並呈現。

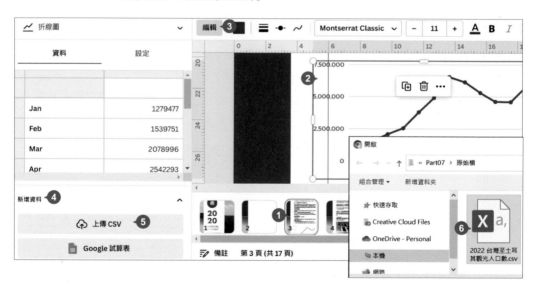

小提示　連結 Google 試算表中的資料

若想連結 Google 試算表的資料數據於 Canva 圖表呈現，可於 **資料** 標籤下方選按 **新增資料 \ Google 試算表** 鈕，再登入帳號，指定檔案與儲存格範圍。

變更圖表類型

Canva 有多種預設的圖表類型可供選擇，選取圖表元素，側邊欄選按上方清單鈕，清單中選擇合適的圖表類型套用，此範例選按 **長條圖**。

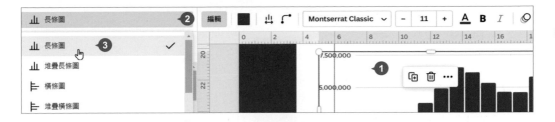

調整圖表樣式與顏色

STEP 01 選取圖表元素，側邊欄選按 **設定** 標籤可開啟與隱藏此圖表樣式相關設定：圖例、標籤、網格線和刻度 (不同圖表樣式於設定會稍有差異，此範例以長條圖示範)。

STEP 02 資料項目都有其代表色，選取圖表元素狀態下，工具列選按 ■ 開啟側邊欄，選按合適顏色套用，即可替換資料項目代表色。

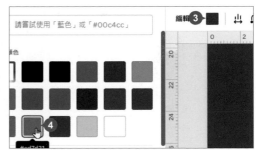

STEP 03 工具列除了可調整顏色，部分圖表類型還有更多樣式可以微調，以直條圖為例，選按 ⬛ 調整資料欄間距，選按 ⌐ 調整圓角效果，也可設定字型與字型尺寸。

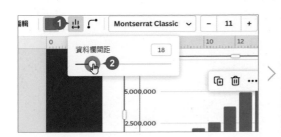
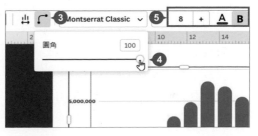

指定資料行或資料列為數列

選取圖表元素，工具列選按 **編輯**，側邊欄選按 **設定** 標籤核選 **將資料列繪製為數列**，可看到圖表切換成另一種方式呈現，此範例維持原 **將資料行繪製為數列** 的呈現方式。

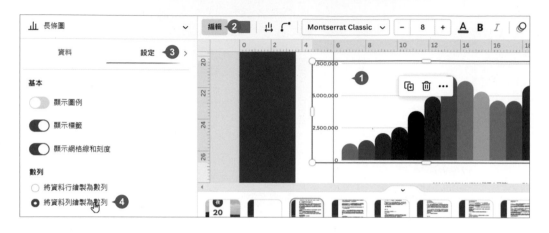

加入圖表標題與調整寬度

圖表標題可以利用文字方塊完成佈置；若圖表寬度不夠而使得 X 軸文字傾斜擺放，可將滑鼠指標移至文字方塊左側控點呈 ↔ 狀，向左拖曳調整圖表元素寬度。

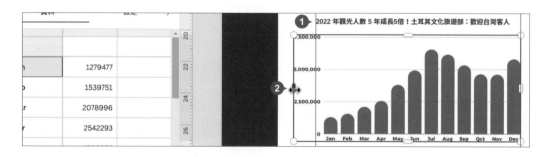

> **小提示** 自行加入圖表元素的方式
>
> 側邊欄選按 **元素 \ 圖表 \ 查看全部**，清單中會有多個可供編輯與設計的圖表元素，選按即可加入頁面。
>
>

7-7 打造互動式目錄呈現跳頁效果

文件頁數較多，常見於封面後佈置一目錄頁，方便瀏覽者依想要觀看的主題直接跳至該頁，另外也會設計返回連結，快速跳回目錄頁。

新增頁面標題

為各別頁面新增標題，方便設計連結時指定到正確的頁面。

STEP 01 頁面下方確認已開啟頁面清單 (選按 ∧ 可開啟)。

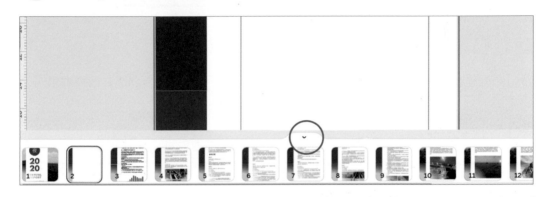

STEP 02 頁面清單第 2 頁縮圖上按一下滑鼠右鍵，選按 **新增頁面標題** ，輸入「目錄」，再按 Enter 鍵，完成該頁頁面標題新增。

STEP 03 依右側列項，以相同方法，分別為第 3、4、5、9、10 頁新增頁面標題。

頁面	頁面標題
3	關於這趟旅遊
4	精采景點介紹
5	參考航班&參考行程
9	其他注意事項
10	一起去旅遊‧札記分享

建立目錄資料

目錄頁面是藉由文字套用連結的方式，呈現跳頁效果，因此先於頁面建立目錄資料。

STEP 01 頁面清單第 2 頁縮圖上按一下，側邊欄選按 **文字 \ 新增標題**，加入文字方塊，輸入標題文字：「特選土耳其旅遊」並套用合適字型、尺寸與顏色。

STEP 02 側邊欄選按 **文字 \ 新增少量內文**，加入文字方塊，參考右圖輸入文案 (或開啟範例原始檔 <電子書目錄.txt> 複製與貼上)，並套用合適字型、尺寸與顏色，拖曳佈置於標題文字方塊下方。

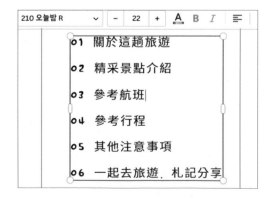

STEP 03 於目錄頁下方可再安排一些文案說明，或以照片及元素完成該頁佈置。

指定頁面連結

STEP 01 頁面清單第 2 頁縮圖上按一下，選取 "關於這趟旅遊" 文字，再選按 🔗。

STEP 02 選按 **此文件中的頁面 \ 3 - 關於這趟旅遊**，再選按 **完成** 鈕。

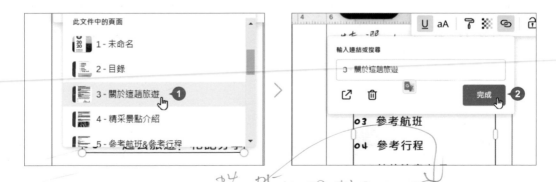

STEP 03 以相同方法，分別為目錄 02、03、04、05、06 連結到第 4 頁、第 5 頁、第 5 頁、第 9 頁、第 10 頁。(完成連結套用後，需切換至 **以全螢幕顯示** 模式才能測試跳頁效果，將於下一頁說明。)

設計回到目錄頁按鈕

STEP 01 頁面清單第 3 頁縮圖上按一下，加入文字方塊與元素，設計一個簡單的回目錄頁按鈕，按 Shift 鍵不放選取該按鈕的文字方塊與元素，選按 **建立群組**。

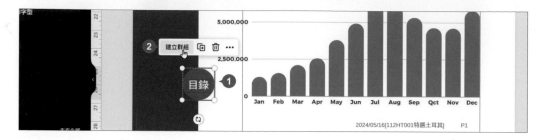

STEP 02 選取目錄按鈕，物件上方選按滑鼠右鍵 \ 🔗 **連結**，選按 **此文件中的頁面 \ 2 - 目錄**，再選按 **完成** 鈕；最後複製設計好的目錄按鈕貼至後續的每一頁。

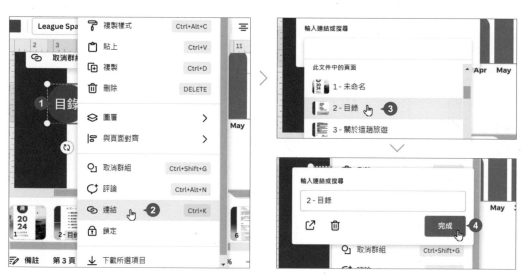

測試與調整連結

完成頁面連結指定，可選按畫面右下角的 ⤢ 切換至 **以全螢幕顯示** 模式，這時可以依觀看電子書的方式瀏覽並測試連結是否正確。

若需要調整連結，可按 Esc 鍵回到編輯模式，選取要修正的連結物件，物件上方選按滑鼠右鍵 \ 🔗 **連結**，即可編輯連結設定。

7-8 封面設計

文件封面會佈置主題名稱、公司或品牌 LOGO...等資訊，方便瀏覽者辨識文件主題與內容。

STEP 01　頁面清單第 1 頁縮圖上按一下，該頁於前面製作時已套用封面範本，於各文字方塊上連按二下，輸入相關文字 (或開啟範例原始檔 <電子書文案.txt> 複製與貼上)，並設定字型、尺寸與顏色。

STEP 02　藉由側邊欄 **照片** 搜尋合適照片，或 **上傳** 上傳本機照片，再拖曳至此範本封面照片上方替換，最後可於工具列選按 **編輯照片** 調整照片色調、飽和度與特效。

到此即完成長文件製作，相關下載、分享與印刷方法可參考 Part 12。

7-9 製作與分享線上翻頁式電子書

完成長文件內容與版面設計後,即將著手發佈作品,常見的 PDF 檔案類型可參考 Part 12 章說明,在此要分享匯出為具翻頁效果的電子書。

Canva 提供的電子書雲端平台服務

Canva 內建的 Heyzine Flipbooks 電子書雲端服務,透過發佈可以將專案作品轉換為具翻頁效果的電子書,還可進入 Heyzine Flipbooks 專屬平台套用更多設定。

Heyzine Flipbooks 官方網站:https://heyzine.com/,目前只要註冊並登入 Heyzine Flipbooks,即可使用免費方案:

- 可建置 5 個電子書檔案
- 沒有頁數限制
- 沒有廣告也沒有浮水印
- 可永久保留已建置電子書檔案 (若無註冊並登入帳號,只能暫時存放一個星期)

更多免費與收費制資訊可參考官方說明:https://heyzine.com/#product。

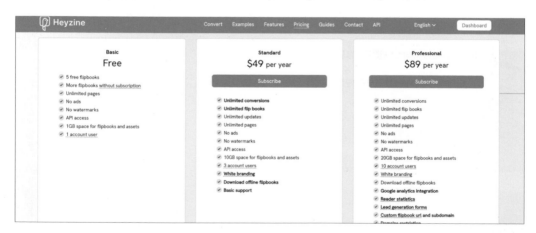

> **小提示** **Canva 提供的其他電子書雲端平台服務**
>
> Canva 還提供多個電子書雲端服務平臺,例如 Simplebooklet、Issuu、Publuu、FlippingBook,但都無免費方案或者有廣告與功能上的限制...等,目前最好用的就是 Heyzine Flipbooks。

用 Heyzine Flipbooks 發佈電子書

STEP 01 開啟長文件專案，畫面右上角選按 **分享 \ 顯示更多**，於 **設計** 類別選按 **Heyzine Flipbooks** (首次使用需再選按 **使用** 鈕)。

STEP 02 在 **選取頁** 選按清單鈕，可核選總頁數 (所有頁數一起轉換) 或僅核選部分頁數項目，在此核選 **總頁數(1-17)**，再選按 **完成** 鈕。

STEP 03 選按 **儲存** 鈕，開始發佈，完成後會出現 "你的設計已經儲存！" 畫面，選按 **在 Heyzine Flipbooks 上檢視**，進入網站檢視以及分享。

註冊與登入 Heyzine Flipbooks

STEP 01 首次進入 Heyzine Flipbooks 網站，會出現此訊息，提醒使用匿名發佈，檔案僅暫存一個星期，必須註冊並登入帳號才能永久保留；在此示範註冊與登入方式：選按 **Close** 鈕再選按畫面右上角 **Login / Register** (若僅需要於一星期內短暫瀏覽可選按 **start sharing it** 取得分享網址)。

STEP 02 可使用 Google 帳戶或輸入 E-mail 註冊，在此以輸入 E-mail 註冊的方式進行，輸入 E-mail 與密碼後，核選 **I accept ...**，再選按 **Register** 鈕。

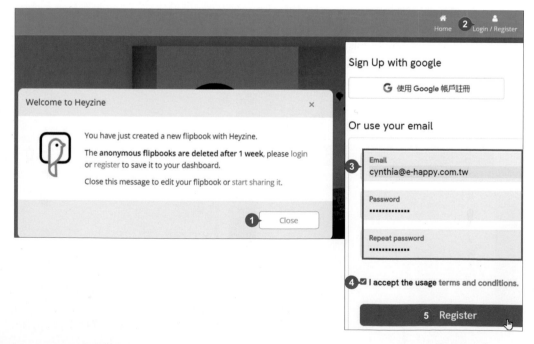

標註主題、副標與其他資訊

STEP 01 完成註冊與登入後,選按上方 **Dashboard**,進入作品清單會看到剛剛發佈的電子書縮圖,選按縮圖 \ **Publish settings**。

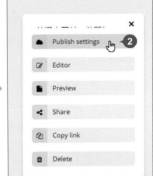

STEP 02 於 **Publish** 標籤可設定此電子書主題、標題…等資訊,輸入後選按 **Save** 鈕。

預覽與分享線上翻頁式電子書

STEP 01 回到 **Dashboard** 畫面,選按縮圖 \ **Preview**。

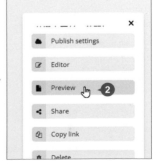

STEP 02　預覽畫面中，使用滑鼠選按電子書左、右二側或四個角落會呈現翻頁效果，若於手機、平板上瀏覽則是直接觸控螢幕翻頁 (選按 ⛶ 可全螢幕預覽)。

STEP 03　預覽畫面中，選按 **Copy link** 鈕可直接取得分享網址，選按 **Share** 鈕可指定以更多方式分享，在此選按 **Share** 鈕進入設定畫面。

STEP 04　Share 畫面中可指定直接取得連結網址，或以電子郵件、網頁嵌入、社群分享、QR code...等方式分享，在此選按 **Link**，於 **Reader link** 網址右側選按 🗗 複製取得網址，再將網址傳送給其他人即可。

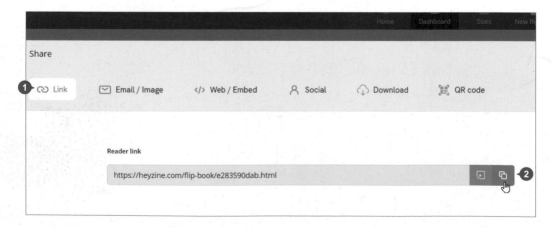

Part

08

宣導簡報
動畫效果與投影片展示

"宣導簡報" 主要學習以版面配置快速產生簡報架構，加入文字與照片、套用頁面、文字與照片動畫和轉場，最後搭配展示與遠端搖控方式，完整展現簡報。

☑ 簡報成功表達原則　　　　　　☑ 加入頁面轉場

☑ 新增版面配置頁面　　　　　　☑ 展示類型-標準

☑ 套用配色與字型組合　　　　　☑ 展示類型-自動播放

☑ 新增宣導內容　　　　　　　　☑ 展示類型-簡報者檢視畫面

☑ 新增補充內容　　　　　　　　☑ 展示類型-展示並錄製

☑ 選用合適照片　　　　　　　　☑ 互動式工具

☑ 加入頁面動畫　　　　　　　　☑ 遠端搖控簡報

☑ 為文字、照片加入動畫　　　　☑ 下載成 PPT 格式

原始檔：<本書範例 \ Part08 \ 原始檔>

完成檔：<本書範例 \ Part08 \ 完成檔 \ 宣導簡報.pptx>

8-1 簡報成功表達原則

一份成功的簡報會令人印象深刻，上台簡報其實沒有那麼難，只要充滿自信地看著台下觀眾，真切表達想要傳遞的訊息，就已經成功一半了！

表達方式大致分為：形象、態度和聲音

西方學者雅伯特‧馬伯藍比 (AlbertMebrabian) 教授研究出的 "7/38/55" 定律，說明旁人對我們的觀感：在整體表現上，只有 7% 取決於談話內容；38% 在於談話內容的表達方式，也就是口氣、手勢...等；而有高達 55% 的比重決定於你的態度是否誠懇，語氣是否堅定且有說服力，可見在專業形象上，外表占了很重的份量。

然而所謂的外表不單指帥哥或美女，當你站在群眾面前，雖已排練了千次萬次，但只要一沒自信，心中有所恐懼時，坐在下面的人是可以感覺到的，如：吃螺絲、轉筆、咬嘴唇、摸頭髮...等肢體動作，都會令聽簡報的人對你失去信任感，也會表現出你不專業的一面。

掌握觀眾需求

配合觀眾的期望來準備簡報內容，是相當重要的前提！確定簡報主題後，如果能夠再知道觀眾的基本資訊，那麼在設計簡報內容與排練演說方式時，就可以將觀眾的特性一起融入。

與觀眾的互動

一般觀眾對會議的專注力只有開講後的十分鐘，之後就要由主講者展現個人魅力與觀眾互動或穿插能吸引人的事情，才能再度將觀眾拉回你的簡報中。在簡報過程中提出一些有獎徵答、腦筋急轉彎或用一些小教材做比喻與實驗，讓觀眾由被動的傾聽變成主動參與，不但可炒熱現場氣氛，也可以將觀眾的注意力拉回主講者身上。

8-2 快速產生簡報結構

為了美化簡報版面及簡化資料輸入，可以運用多種版面配置方式佈置頁面內容，快速產生基礎結構，省去設計與排列時間。

建立新專案

STEP 01 於 Canva 首頁上方，選按 **簡報 \ 簡報 (16:9)**，建立一份新專案。(若無此項目可選按右側 ▷ 展開更多)

STEP 02 進入專案編輯畫面，於右上角 **未命名設計 - 簡報** 欄位中按一下，將專案命名為「宣導簡報」。

新增版面配置頁面

Canva 簡報除了有範本可以直接套用，如果想從空白頁面著手，則是可以套用 **版面配置** 功能提供的多樣排列方式，透過預留的文字、照片、圖案、圖表...等位置，快速達到簡報格式設定和排列目的。

STEP 01 側邊欄 **設計 \ 範本** 標籤預設會顯示 "簡報" 相關類型清單。

選按 **版面配置** 標籤中如圖版面配置，套用於第 1 頁，接著在頁面清單 (頁面下方確認已開啟，或選按 ∧ 開啟。) 最右側選按 + 新增頁面。

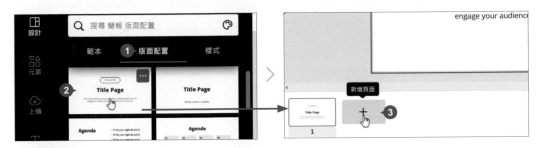

STEP 02 依相同方法，套用指定版面配置於第 2 頁，參考下圖新增第 3~8 頁與套用指定版面配置。

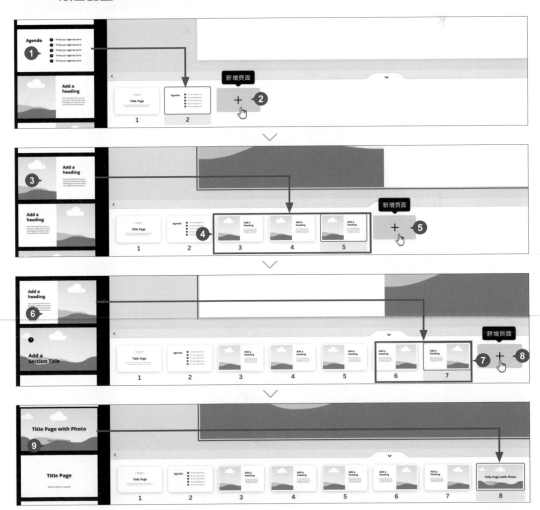

套用配色與字型組合

利用 **樣式** 快速變更範本整體的配色與字型樣式。

頁面清單第 1 頁縮圖上按一下，側邊欄選按 **設計** \ **樣式** 標籤 \ **配色與字型組合** \ 如圖組合，套用預設組合至第 1 頁，之後重複選按至如圖配色與字型組合後 (系統會根據基礎色彩與字型隨機組合)，選按 **套用至所有頁面** 鈕完成全部頁面套用。

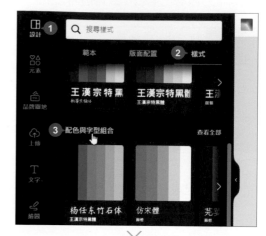

8-3 化繁為簡的資訊佈置

將大量的想法、流程或規劃，透過文字、照片...等具體元素化繁為簡，展現
資訊重點，讓人一目瞭然。

新增宣導內容

STEP 01 頁面清單第 1 頁縮圖上按一下，於頁面如圖文字方塊上連按二下顯示輸入線，
選取所有文字，參考下圖輸入文字。(或開啟範例原始檔 <宣導簡報文案.txt> 複
製與貼上)

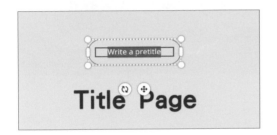

STEP 02 依相同方法，完成第 1 頁其他二個文字方塊，和第 2~8 頁的內容輸入，過程
中可以利用 Enter 鍵調整文字換行，或利用控點調整文字方塊寬度。

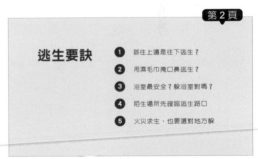

新增補充內容

備註 可以用來放置演講者的小抄或補充資料，播放簡報時只有演講者自己看得到，不會影響觀眾觀看畫面。

STEP 01 頁面清單第 3 頁縮圖上按一下，選按下方 **備註** 開啟側邊欄，輸入相關文字 (或開啟範例原始檔 <宣導簡報文案.txt> 複製與貼上)

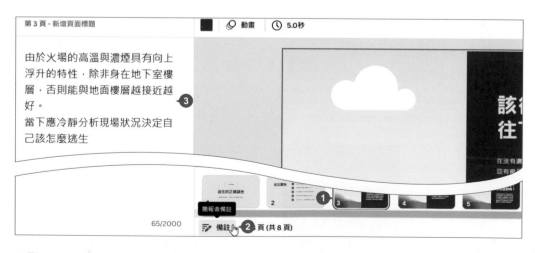

STEP 02 依相同方法，完成第 5~7 頁 **備註** 文字輸入。

選用合適照片

STEP 01 側邊欄選按 **上傳** \ **...** \ **上傳** 開啟對話方塊，在範例原始檔資料夾按 Ctrl + A 鍵選取所有檔案後，選按 **開啟** 鈕上傳至 Canva 雲端空間。

STEP 02 頁面清單第 1 頁縮圖上按一下，側邊欄選按 **上傳** \ **影像** 標籤，拖曳照片至頁面邊緣處放開，即可將照片放置於頁面背景。(如果拖曳放開的位置離頁面邊緣太遠，會變成一般插入動作。)

STEP 03 依相同方法，將照片套用於第 2 頁背景。

STEP 04 第 3~8 頁版面配置上照片預留位置，參考下圖，透過拖曳完成佈置。(其中第 7 頁照片可透過工具列選按 **編輯照片 \ 裁切** 標籤調整顯示範圍)

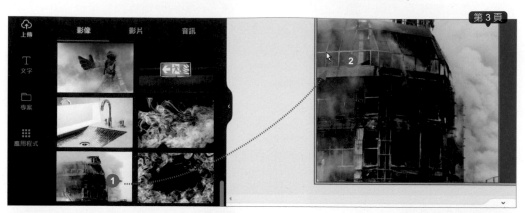

第 3 頁

第 4 頁

**用濕毛巾
掩口鼻逃生？**

實驗證明濕毛巾根本擋不住濃煙高熱，
可能還會因為尋找水源近濕毛巾而耽誤
了逃生機會，火勢蔓延迅速，這種疏忽
而將自己推到更致命的危險中。

第 5 頁

**浴室最安全？
躲浴室對嗎？**

浴室裡有充足的水源，但溫度較水根本不
足以滅火與降溫；至於全身淋濕則只是
心理安慰作用，無實質幫助。加室空間
小，甚至有些沒有窗戶，難在浴室內很
難向外呼救，浴室看似可讓人逃向但其
實最致命，因此絕對不要躲進浴室。

第 6 頁

**陌生場所先確
認逃生路口**

觀察消防安全設備位置，如安全門、滅火
器、避難機，室內消防栓等設備在那裡？
是否可以使用？發生火警時，如何使用？
誠不容易遇到意外災害發生時，手忙腳
亂，無處可逃。

第 7 頁

**火災求生，也
要選對地方躲**

若門外濃煙密布，先避緊閉門、開房空
調，讓煙不易是燃材料且至有到外的窗
戶，這樣才能打開窗戶求救，濃外面的人
知道火場有人及獲之位置。

第 8 頁

微調文字與照片呈現效果

STEP 01 頁面清單第 1 頁縮圖上按一下，選取上方的形狀元素，選按 🗑 刪除；按 Shift 鍵不放選取三個文字方塊，工具列設定合適顏色。

STEP 02 頁面清單第 2 頁縮圖上按一下，再於照片上按一下，工具列選按 ▨，設定 **透明度：20**。

STEP 03 頁面清單第 8 頁縮圖上按一下，按 Shift 鍵不放選取二個文字方塊，工具列選按 **效果** 開啟側邊欄，選按 **風格 \ 背景**，設定 **圓弧**、**擴張**、**透明度** 和 **白色**。

STEP 03 頁面清單第 3 頁縮圖上按一下，再於照片上按一下，工具列選按  開啟側邊欄，選按 **照片動畫** 標籤 \ **照片動向** \ **照片縮小**。

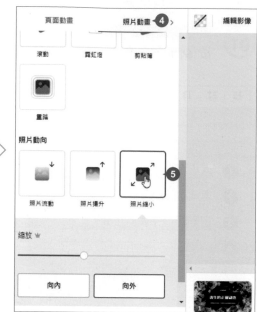

STEP 04 依相同方法，將 **照片縮小** 動畫套用於第 4~7 頁的照片。

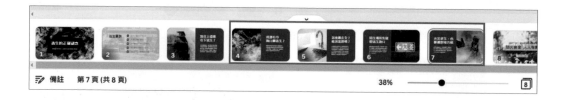

小提示　變更或移除文字或照片動畫

若要變更動畫，只要按一下其他動畫；若選按 **移除動畫** 鈕，會取消動畫套用。

加入頁面轉場

所謂轉場，就是簡報前後頁面之間切換的動畫過程。

頁面清單第 1 ~ 7 頁任一縮圖右上角選按 **⋯ \ 新增轉場** 開啟側邊欄，可以將滑鼠指標移到轉場上可以預覽效果，接著選按合適的轉場 (此範例套用 **顏色擦去**)，再選按 **套用至所有頁面** 鈕將該轉場套用至全部頁面。

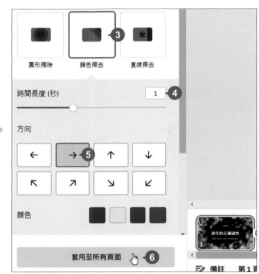

到此即完成宣導簡報製作，相關下載、分享與印刷方法可參考 Part 12。

小提示 **轉場的變更與編輯**

頁面清單任一縮圖右上角選按 **⋯ \ 變更轉場** 開啟側邊欄，再選按其他轉場效果即可變更。

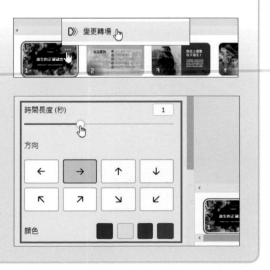

編輯轉場時間或效果：拖曳轉場效果下方 **時間長度 (秒)** 的滑桿可以設定時間長度；依不同的轉場效果還會有 **方向、顏色、起始點...**等其他調整項目可以設定。

8-5 充滿說服力的展示技巧

簡報完成後，透過展示有效傳達想法，熟悉內容與多加練習皆是成功的不二法門！

展示類型-以全螢幕顯示

進入全螢幕的簡報顯示畫面，過程中可以依自己的節奏，利用滑鼠或鍵盤上的方向鍵，切換頁面。

STEP 01 頁面清單第 1 頁縮圖 (或其他指定頁) 上按一下，畫面右上角選按 **展示簡報 \ 以全螢幕顯示**，再選按 **展示簡報** 鈕 (或按 Ctrl + Alt + P 鍵) 即可播放。

STEP 02 當該頁投影片講解完後，按一下滑鼠左鍵可跳至下一頁投影片；或按 ↑、↓、←、→ 可前後翻頁。展示過程中可按 Esc 鍵退出，或在投影片上按一下滑鼠右鍵，選按 **退出全螢幕模式**。

展示類型-自動播放

設定每一頁投影片的播放秒數,當簡報進入全螢幕的展示畫面時,時間到時自動播放下一頁,並循環播放。

STEP 01 工具列選按 🕐 ,設定 **時間選擇:7**,於 **套用至所有頁面** 右側選按 ⚪ 呈 ⬤ 狀,將時間設定套用至全部投影片。

STEP 02 頁面清單第 1 頁縮圖 (或其他指定頁面) 上按一下,畫面右上角選按 **展示簡報 \ 自動播放**,再選按 **展示簡報** 鈕 (或按 Ctrl + Alt + P 鍵) 可自動播放投影片。

展示類型-簡報者檢視畫面

畫面上會顯示 **觀眾視窗** 和 **簡報者視窗**,搭配雙螢幕的操作環境,簡報者可以透過 **簡報者視窗** 顯示的資訊、備註與工具,有效掌控投影片播放流程和時間;並可透過 **觀眾視窗** 監控觀眾看到的畫面。

STEP 01 頁面清單第 1 頁縮圖 (或其他指定頁) 上按一下,畫面右上角選按 **展示簡報 \ 簡報者檢視畫面**,再選按 **展示簡報** 鈕 (或按 Ctrl + Alt + P 鍵) 即可播放。

STEP 02 將 **觀眾視窗** 拖曳到屬於觀眾畫面的螢幕，選按 **進入全螢幕模式** 鈕；選按 **瞭解** 鈕進入 **簡報者視窗**，並確認放在只有自己會觀看的筆電或桌機螢幕上。

展示類型-展示並錄製

簡報過程中，可以同步錄下網路攝影機中的簡報者影像與聲音，結束後將錄影連結分享給觀眾或親朋好友，也可以儲存或下載。

STEP 01 頁面清單第 1 頁縮圖 (或其他指定頁) 上按一下，畫面右上角選按 **展示簡報 \ 展示並錄製**，選按 **下一步** 鈕，預覽簡報錄製後呈現的結果，再選按 **前往錄製工作室** 鈕。

STEP 02 允許 Canva 存取權限後，設定欲使用的攝影機與麥克風，選按 **開始錄製** 鈕，顯示 3、2、1 倒數的數字。

STEP 03 進入錄製畫面，確認左下角圓型視訊擷取畫面是否出現合適的影像，過程中依照進度，可以透過下方簡報頁面縮圖切換上方畫面；選按右上角 **暫停** 鈕停止錄製，或選按 **結束錄製** 鈕完成。

STEP 04 當錄影完成上傳後，**複製** 鈕可以分享錄影連結；**下載** 鈕可以下載錄影內容 (*.mp4)；**儲存並退出** 鈕會儲存內容並返回頁面；**捨棄** 鈕則是刪除錄影內容。

小提示 刪除錄製內容

除了上傳錄影時選按 **捨棄** 鈕刪除，當返回頁面後才想要刪除錄影內容時，可於
畫面右上角選按 **展示簡報 \ 展示並錄製**，再選按 **下一步** 鈕。

清單中選按 **刪除錄製內容** 可刪除已錄製的檔案，選按 **複製** 鈕與 **下載** 鈕可分享
與下載錄影內容。

互動式工具

簡報展示過程中，透過 **倒數計時器、保持安靜、五彩紙屑**...等有趣動畫，可增加簡報者與觀眾的互動感。

進入簡報展示畫面，選按右下角 ⌨️，清單中提供多項工具，可以根據簡報現場氣氛選擇合適的互動效果，也可以搭配快捷鍵立即呈現：

● **倒數計時器** (快捷鍵 ⓪ ~ ⑨)：清單中選按 **倒數計數器**，會從 1 分鐘開始倒數。透過清單產生的倒數計時器，可以先選按 ⏸ 暫停後，再利用快捷鍵 ⓪ ~ ⑨ 快速設定 0~9 分鐘，例如：按 ⓪ 鍵，自動倒數 3 秒；按 ③ 鍵，自動倒數 3 分鐘...等。

也可以在簡報展示畫面，直接選按快捷鍵 ⓪ ~ ⑨ 快速產生計時器，進行倒數 (⟳ 重設計時器、▶ 啟動計時器或 ✕ 關閉計時器)。

● **模糊化** (快捷鍵 B)：畫面會變暗變模糊，再次選按 **模糊化** 則恢復清晰。

● **保持安靜** (快捷鍵 Q)：當現場較為吵雜時，可以藉由此動畫表達噤聲，還有噓~的音效。

● **泡泡** (快捷鍵 O)：由畫面下方往上飄出一顆顆大小不一的彩色泡泡，還有啵~
啵~啵~音效。

● **五彩紙屑** (快捷鍵 C)：如拉炮效果，畫面左右二側會散落彩色紙屑。

● **擊鼓** (快捷鍵 D)：畫面上顯示擊鼓動畫，並搭配鼓聲，為現場塑造緊張氛圍。

● **謝幕** (快捷鍵 U)：落下紅色布幕並呈現闔上效果。

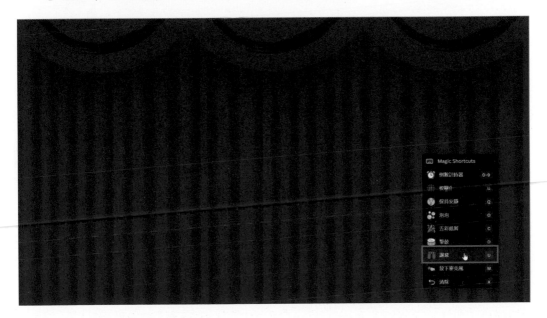

再次選按 **謝幕**，原本闔上的紅色布幕重新拉開。

● **放下麥克風** (快捷鍵 M)：顯示丟下麥克風動畫效果。

8-6 遠端遙控簡報

簡報現場可能投影設備無法遙控，或走動時同時切換投影片，亦或簡報者有
二人以上...等，可透過 **分享遙控器** 遠端與多人遙控簡報。

分享遙控器 的設定，可以藉由連結同時分享給有簡報需求的其他人，通常用於行動裝
置，當然電腦也適用。

STEP 01 進入簡報全螢幕展示畫面 (**標準**
或 **自動播放**)，選按右下角 ⋯ \
分享遙控器 \ 複製連結 鈕 (呈 **已
複製** 狀態)，再選按 Esc 鍵離開
全螢幕。

STEP 02 將複製的連結利用電子郵件、社群或通訊軟體
(如 LINE、Messenger)...等工具，分享給自己或
其他簡報者。

透過行動裝置 (或電腦...等其他裝置) 點開相關連
結，在簡報全螢幕顯示下就可以操控簡報了。

STEP 03 開啟連結後的畫面如下圖，當簡報在全螢幕顯示時，可以看到最上方會顯示 **已連線(1)** (括弧內的數字會顯示目前以行動裝置操控的人數)，利用 ⟨ 和 ⟩ 可切換前後投影片。

STEP 04 另外點選 **便利快捷鍵** 展開清單，點選圖示有更多互動效果。

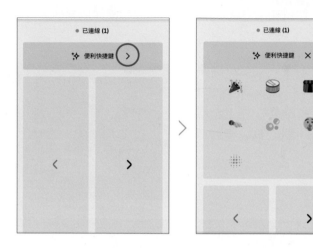

小提示 只有簡報可以使用分享遙控器？

分享遙控器 功能不僅適用於簡報範本，其他類型的範本只要進入全螢幕展示畫面，也都可以使用。

8-7 下載簡報 PPTX 檔案

PowerPoint 是最常使用的簡報軟體，Canva 設計的簡報，可以透過下載 PPTX 檔案，直接在 PowerPoint 開啟。

STEP 01 畫面右上角選按 **分享 \ 顯示更多**，再選按 **Microsoft PowerPoint**。

STEP 02 在 **請選擇頁面** 可核選指定下載的頁面,或下載所有頁面,設定完成後選按 **下載** 鈕。

STEP 03 下載成功後,可以看到 **已完成** 訊息,並自動下載至瀏覽器預設的存放路徑 (在此以 Chrome 瀏覽器示範),於下載的 *.pptx 檔案選按右側清單鈕 \ **開啟**。

STEP 04 會直接開啟 PowerPoint 軟體並開啟檔案，於上方選按 **啟用編輯** 鈕。

STEP 05 開啟檔案後，可能會發現部分排版、字型或套用效果與原設計不同，甚至是動畫、影片或音訊無法播放...等，這時可以 PowerPoint 現有功能調整與套用。

從 Canva 下載成 PPTX 格式的操作，會因為二個軟體之間的相容度與功能差異性，導致樣式跑掉的狀況，如果想確保 Canva 簡報格式的完整度，可以考慮匯出成 JPG 或 PNG 格式圖檔，以靜態方式展示。

從 Canva 匯出的 JPG 或 PNG 格式圖檔，可以在 PowerPoint 中利用插入圖片功能佈置於投影片中，避免簡報格式跑掉，不過因為是圖片，所以就無法修改每一頁的內容了。

Canva 簡報轉成 PPTX 檔案雖然方便，但還可能因為複雜的元素、字型…等在 PowerPoint 沒有支援而產生許多問題，所以建議還是使用 Canva **展示簡報** 功能，藉此省下調整時間。

Part
09

社群貼文與短影音

圖文影音後製剪輯

從社群平台貼文的角度思考,設計要傳遞的訊息或短影音,結合商品照片、影片和 Canva 文字、元素與動畫...等操作,完成 "社群貼文" 與 "短影音"。

☑ 吸引客群的貼文　　　　　　☑ 利用影片佈置頁面背景

☑ 不可錯過的短影音潮流　　　☑ 剪輯影片

☑ 建立新專案　　　　　　　　☑ 開啟尺規與輔助線

☑ 新增範本頁面　　　　　　　☑ 修改文案介紹商品

☑ 上傳商品照片　　　　　　　☑ 新增文字與搜尋元素

☑ 替換範本照片　　　　　　　☑ 元素出現時間與套用動畫

☑ 尋找並加入背景元素　　　　☑ 設定背景音訊

☑ 修改文案　　　　　　　　　☑ 用 Canva 內建功能上傳社群平台

☑ 快速產生 Reels 影片結構　　☑ 用電腦中已下載的圖檔或影片上

☑ 上傳商品影片　　　　　　　　　傳社群平台

原始檔:<本書範例 \ Part09 \ 原始檔>

完成檔:<本書範例 \ Part09 \ 完成檔 \ 社群貼文.png>、<短影音.mp4>

9-1 社群潮流無限商機

消費者可以藉由各種不同的方式來吸收資訊，社群媒體更是佔了很大一部分，有規劃的行銷貼文與短影音可以吸引更多流量及互動。

吸引客群的貼文

電商、企業品牌、創作者、甚至政府機關，都想透過社群平台接觸客群，提升觸及率，打開更多影響力！以下列出幾點項目，幫你打破社群平台經營低氛圍：

- **內容排版、字型易閱讀**：圖片解析度不夠或沒有對焦，文字太小或是字型變化太多，都容易讓人不易了解內容而失去興趣。

- **正確的色彩搭配**：與背景色太過相近的顏色無法突顯內容，最好找同系列的對比色，或是直接套用品牌色更能引起共鳴。

- **明確貼文的目標**：清楚目標客群特色與喜好，了解社群優勢後著手進行各式行銷策略：溝通品牌理念、與粉絲互動、導購商品...等，選擇合適的方式、精準打動目標客群。

不可錯過的短影音潮流

社群平台的觀眾越來越不愛看長篇大論的文字，甚至連較長的影片都很難吸引人們從頭看到最後，愈來愈多人喜歡節奏快的短影音，消費者行為模式不斷的改變，如何在社群平台大量訊息海中，用最快、最吸睛的內容去抓住消費者目光？或是怎麼在最短時間內打中消費者需求，進而引起共鳴，但又可以傳達品牌及商品銷售訴求，這是一個不能錯過的趨勢。

短影音潮流迫使品牌需要精簡影音內容，更要思索怎麼在短短幾秒的時間裡述說出一個好的故事或是開場。

9-2 快速設計社群貼文圖片

從社群平台貼文的角度思考，設計規劃要傳遞的訊息，搭配商品相關的背景、照片或元素，做出最適合目標客群的行銷圖片。

建立新專案

STEP 01　於 Canva 首頁上方，選按 **社群媒體**，此範例以 1:1 尺寸示範說明，因此選按 **Instagram \ Instagram 貼文 (方形)**，建立新專案。

STEP 02　進入專案編輯畫面，於右上角 **未命名設計-Instagram 貼文** 欄位中按一下，將專案命名為「社群貼文」。

新增範本頁面

側邊欄會顯示 "Instagram 貼文" 相關類型的 **範本** 清單，為了縮小搜尋範圍，輸入關鍵字「fashion」，按 Enter 鍵開始搜尋，選按如圖範本。(依右側步驟輸入關鍵字搜尋範本，若因 Canva 更新找不到相同範本，可開啟範例原始檔 <Part09 範本>，於瀏覽器開啟連結後，選按 **使用範本** 即可使用。)

快速建立社群的系列設計

Canva 另外提供可以為 FB、IG...等社群建立一系列設計的快速方法。於 Canva
首頁上方，選按 **社交媒體 \ 快速建立收藏**，就可依側邊欄步驟一一選擇 **格式、
文字、影像和標誌**...等項目，完成設計後可以選按 **下載** 鈕使用圖片；或選按 **查
看我的設計** 鈕繼續更多編輯 (此功能方便，但樣式制式較無彈性與變化)。

上傳商品照片

側邊欄選按 **上傳 \ ⋯ \ 上傳** 開啟對話方塊，在範例原始檔資料夾，按 `Ctrl` 鍵不放選取
<9-01.png>~<9-05.png>，選按 **開啟** 鈕上傳至 Canva 雲端空間。(若 **上傳檔案** 鈕右側
無 ⋯ 圖示，可先選按 **上傳 \ 影像** 標籤即會產生。)

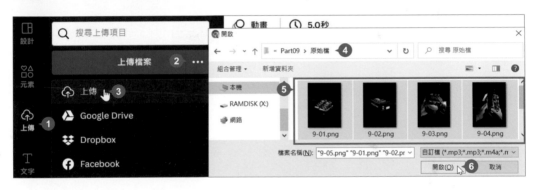

替換範本照片

STEP 01　側邊欄選按 **上傳 \ 影像** 標籤，參考下圖，於照片素材按住滑鼠左鍵不放，拖曳
至範本照片上放開，完成替換。

STEP 02 選取商品照片狀態下，工具列選按 **編輯照片 \ 裁切** 標籤，將滑鼠指標移至四個角落控點呈 ↖ 狀，拖曳調整合適大小，再選按 **完成** 鈕。

STEP 03 依相同方法，替換與調整其他五張商品照片。

尋找並加入背景元素

更換範本預設的背景照片。

側邊欄選按 **元素**，輸入關鍵字「背景黑」，按 Enter 鍵開始搜尋，參考下圖，拖曳該照片至頁面邊緣放開，將照片放置於頁面背景 (如果拖曳放開的位置離頁面邊緣太遠，會變成插入動作。)。

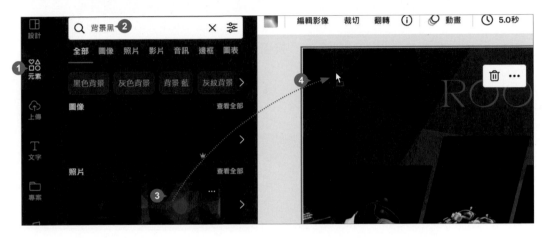

修改文案

將範本中預設文字，修改為符合這則行銷貼文的內容。

STEP 01 "ROOM" 文字方塊上連按二下選取所有文字，調整為合適標題，此範例輸入「WISDOM® × SHAKA」。

STEP 02 選取文字方塊，工具列設定合適字型與字型尺寸。

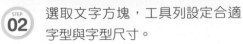

STEP **03** 選取文字方塊狀態下，將滑鼠指標移至左右二側控點呈 ↔ 狀，連按二下，文字
方塊會水平放大至符合文字範圍。

STEP **04** 工具列選按 **位置** 開啟側邊欄，於 **排列** 標籤選按 🔁 **置中**，將文字方塊置中對齊
頁面，空白處按一下關閉清單。

STEP **05** 工具列選按 **效果** 開啟側邊欄，選按 **風格 \ 霓虹燈、形狀 \ 彎曲**，並設定 **彎
曲：8**。

STEP 06 依相同方法，修改頁面下方文字、字型、字型尺寸並套用 **霓虹燈** 效果。

STEP 07 選取文字方塊狀態下，工具列選按 $\equiv\updownarrow$，再修改 **行距**：**1.6** (輸入需按 Enter 鍵才會生效)，空白處按一下關閉清單。

STEP 08 由於此圖要輸出為靜態圖片，所以要刪除範本中預設的動畫。選取文字方塊，工具列選按 **爆裂** 開啟側邊欄，再選按 **移除動畫** 鈕。

到此即完成社群貼文製作，相關分享、下載與印刷方法可參考 Part 12。

9-3 快速產生直式短影音結構

Canva 提供各種直式影片範本,讓使用者可以快速產生基本架構與版式設計,之後再加入照片、影片素材與文字完成製作。

建立新專案

STEP 01 於 Canva 首頁上方,選按 **社交媒體 \ Instagram \ Instagram Reel** (在此以 IG Reels 連續短片示範),建立一份 1080 × 1920 直式影片新專案。

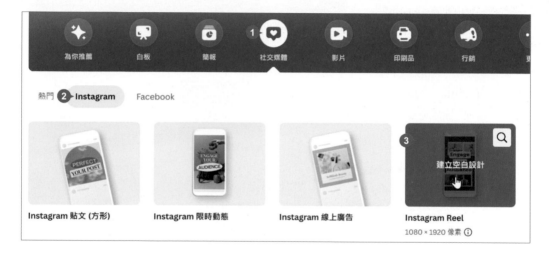

STEP 02 進入專案編輯畫面,於右上角 **未命名設計-Momile Video** 欄位中按一下,將專案命名為「短影音」。

新增範本頁面

除了可以直接套用指定範本的整份設計,也可以根據需求套用單一設計頁面。(依以下步驟輸入關鍵字搜尋範本,若因 Canva 更新找不到相同範本,可開啟範例原始檔 <Part09範本>,於瀏覽器開啟連結後,選按 **使用範本** 即可使用。)

STEP 01 側邊欄會顯示 "Mobile Video" 相關類型的 **範本** 清單,為了縮小搜尋範圍,輸入關鍵字「fashion brand」,按 Enter 鍵開始搜尋,選按如圖範本。

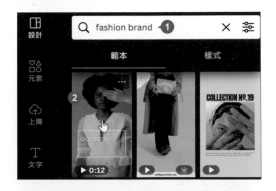

STEP 02 進入範本會看到相關的版型設計,選按 **套用全部 ** 個頁面** 鈕可以完整套用至專案;也可以直接選按想要的頁面,個別套用。

> **小提示** 替換範本頁面
>
> 如果想替換範本中的頁面,只要在時間軸要替換的頁面縮圖按一下,側邊欄選按 **樣式 \ 範本** 標籤,清單中搜尋與選按合適範本後,就可以完成該頁範本替換。

9-4 安排影音素材完成核心內容

透過影片傳達商品資訊，展現更多細節，讓消費者快速了解商品，提升興趣並刺激購買慾望。

上傳商品影片

STEP 01　側邊欄選按 **上傳** \ **⋯** \ **上傳** 開啟對話方塊，按 Ctrl 鍵不放選取範例原始檔 <9-01.mp4>、<9-02.mp4>，選按 **開啟** 鈕上傳至 Canva 雲端空間。(若 **上傳檔案** 鈕右側無 **⋯** 圖示，可先選按 **上傳** \ **影片** 標籤即會產生。)

STEP 02　選按 **影片** 標籤即可看到上傳的影片。

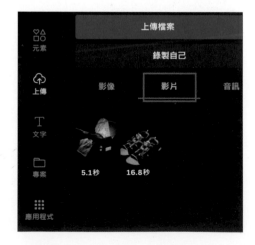

利用影片佈置頁面背景

上傳影片後，接下來替換範本中的預設元素。

STEP 01 時間軸第 1 頁縮圖上按一下，側邊欄選按 **上傳 \ 影片** 標籤，拖曳 <9-01.mp4> 影片至頁面邊緣處放開，即可將影片替換成頁面背景。(如果拖曳放開的位置離頁面邊緣太遠，會變成插入動作。)

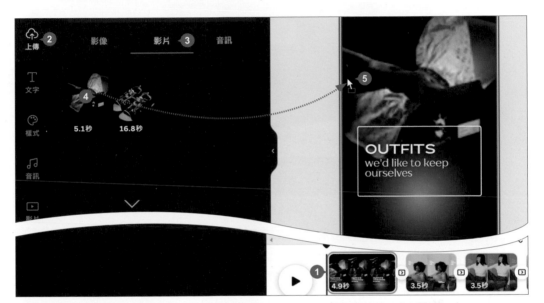

STEP 02 依相同方法，參考下圖拖曳 <9-02.mp4> 替換時間軸第 2、3、4 頁的頁面背景。

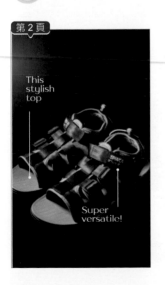

剪輯影片

STEP 01 時間軸第 1 頁縮圖上按一下，先於空白處按一下取消選取，再於背景影片上按一下，工具列選按 ✂。

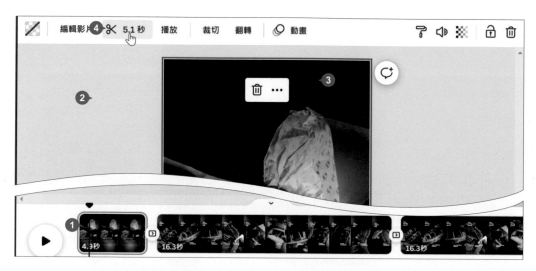

STEP 02 影片左右二側顯示滑桿，透過拖曳設定影片開始與結束時間，即可剪輯出需要片段 (此範例拖曳右側滑桿調整影片結束時間 3.0 秒)，最後選按 **完成**。(影片剪輯後，可以利用 ▶ 和 ❙❙，預覽播放)

STEP 03 依相同方法，參考下圖指定的時間長度，剪輯時間軸第 2、3、4 頁的影片。

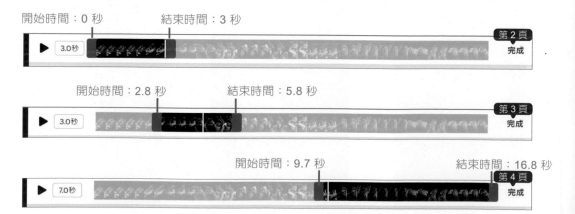

開始時間：0 秒　　結束時間：3 秒

開始時間：2.8 秒　　結束時間：5.8 秒

開始時間：9.7 秒　　結束時間：16.8 秒

開啟尺規與輔助線

IG Reels (連續短片)，目前平台畫面下方會顯示帳號及相關資訊，所以製作時要注意不要將重要的圖文放在下方，利用輔助線能安排圖文元素擺放在合適位置。

STEP 01 選按 **檔案 \ 檢視設定 \ 顯示尺規和輔助線**。

STEP 02 滑鼠指標移到上方尺規呈 ↕ 狀，往下拖曳出一條輔助線至頁面 1614 像素處。

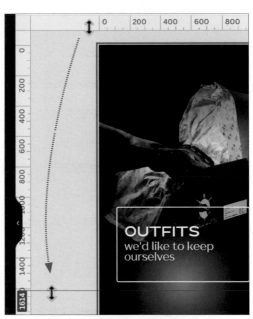

STEP 03 選按 **檔案 \ 檢視設定 \ 顯示邊距** 會顯示頁面四周的邊距框，可以避免重要圖文超出安全邊距。

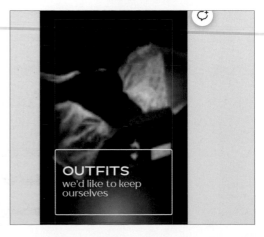

9-5 修改文案介紹商品

短影片的影片節奏較快，所以說明文字也要簡單明瞭，直接點出商品或影片內的重點。

編輯商品資訊

完成影片的替換及剪輯後，接下來利用文字呈現商品資訊。

STEP 01 時間軸第 1 頁縮圖上按一下，於頁面如圖文字方塊上連按二下顯示輸入線，選取所有文字。

 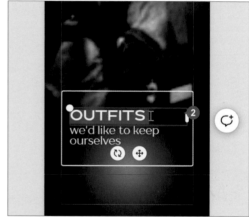

STEP 02 參考下圖，輸入品牌名稱與相關文字 (或開啟範例原始檔 <短影音文案.txt> 複製與貼上)。

STEP 03 依相同方法，參考右圖修改另一個文字方塊內容。

STEP 04 選取欲調整行距的文字方塊，工具列選按 三t，設定合適 **行距** (輸入需按 Enter 鍵才會生效)，空白處按一下關閉清單。

STEP 05 選取中文字的部分，工具列設定合適字型。

完成其他商品資訊

STEP 01 時間軸第 2 頁縮圖上按一下，參考下圖，按 Shift 鍵不放選取 "This stylish..." 文字方塊及二個線條元素，選按 m 刪除。

STEP 02 修改第 2 頁文字方塊內容，以二行呈現，並設定行距、字型。

STEP 03 依相同方法,參考下圖於第 3、4 頁刪除不需要的文字方塊與元素,再修改文字方塊內容。

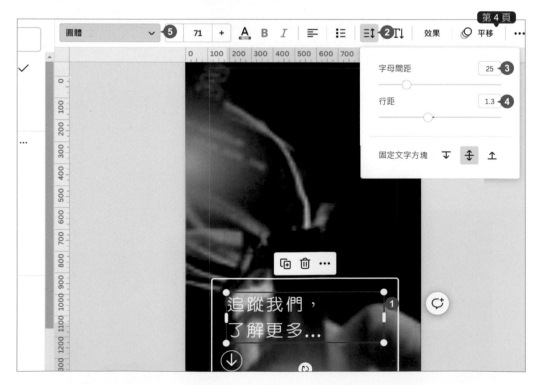

9-6 善用元素與動畫加強表現

利用顯示時間調整 Canva 動畫效果出場順序，動畫依序播放的效果更有層次及設計感。

新增文字與搜尋元素

STEP 01 時間軸第 4 頁縮圖上按一下，側邊欄選按 **元素** 輸入關鍵字「搜尋」，按 Enter 鍵開始搜尋。**圖像** 標籤選按如圖元素，並將滑鼠指標移至元素四個角落控點呈 ↔ 狀，拖曳調整至合適大小，再拖曳移動至合適位置。

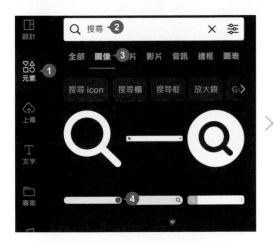 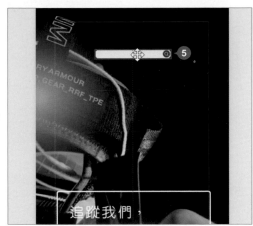

STEP 02 選取搜尋元素狀態下，工具列選按 ▨ ，設定 **透明度：85**，空白處按一下關閉清單。

STEP 03 側邊欄選按 **文字 \ 新增少量內文**，新增一文字方塊，參考下圖輸入品牌名稱 (或開啟範例原始檔 <短影音文案.txt> 複製與貼上)，選取文字方塊變更合適的 **字型 尺寸** 與 **文字顏色**，

STEP 04 在選取文字方塊狀態下，按 Shift 鍵不放，再選取元素，工具列選按 **位置** 開啟側邊欄，於 **排列** 標籤選按 置中。

STEP 05 同時選取元素與文字方塊狀態下，選按 **建立群組**。

STEP 06 工具列選按 **位置** 開啟側邊欄，於 **排列** 標籤選按 置中。

編輯元素顯示時間與套用動畫

調整元素出現的時間和動畫效果，讓元素的表現更有層次。

STEP 01 時間軸第 4 頁縮圖上按一下，群組元素上按一下滑鼠右鍵，清單選按 **顯示時間**。

STEP 02 將滑鼠游標停留在時間軸群組元素起始或結尾處，滑鼠指標會呈 ⇔ 狀，往左、往右拖曳即可調整動畫顯示時間。

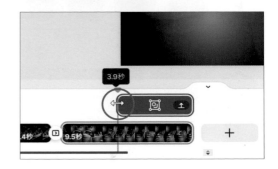

STEP 03 接著要為群組元素套用動畫，文字群組上按一下 (呈白色虛線框)，於右下角控點上再按一下，選取二個文字方塊 (紫色框線)，工具列選按 **動畫** 開啟側邊欄，**元素動畫** 標籤選按 **基本 \ 淡化**，設定 **動畫：進入時**。

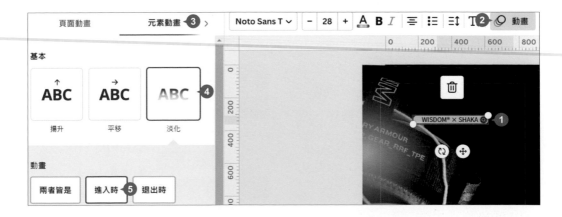

9-7 背景音訊提升影片質感

此範本預設有背景音訊，在影片頁面與時間長度確定之後，可以調整音訊時間長度與影片符合。

STEP 01 時間軸下方的音訊軌按一下開啟音訊軌，將滑鼠游標停留在曲目起始或結尾處，滑鼠指標會呈 ↔ 狀，往左、往右拖曳即可剪輯音訊曲目頭尾內容。 (此範例拖曳右側滑桿至影片最後，音訊時間長度約 17 秒)。(音訊剪輯後，可以利用 ▶ 和 ∥，預覽播放。)

STEP 02 工具列選按 **音效** 開啟側邊欄，設定 **淡入：3 秒**、**淡出：3 秒**，讓音訊音量開始時慢慢變大聲，結束時慢慢變小至無聲。

到此即完成短影音製作，相關分享、下載可參考 Part 12。

> **小提示** **更多調整音訊選項**
>
> 在選取音訊狀態下，滑鼠指標移至音訊右側選按 ⋯，清單中提供 **調整**、**音效**、**音量**、**分割音訊**、**複製**、**刪除**...等相關調整功能。

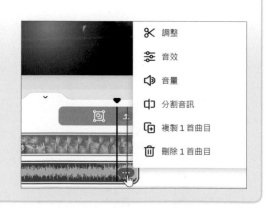

9-8 上傳社群平台

Canva 完成的專案可以透過 **在社交媒體上分享** 功能，直接上傳到 Facebook、Instagram、Twitter、TikTok...等當紅的社群平台。

用 Canva 內建功能上傳

STEP 01 畫面右上角選按 **分享 \ 在社交媒體上分享**，清單中選按合適的社交媒體名稱，在此選按 **Instagram**。

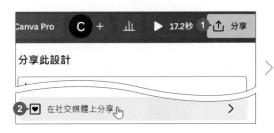 

STEP 02 選按 **立即使用行動應用程式張貼** 和 **繼續** 鈕，接著拿行動裝置掃描 QR Code，即會開啟 Canva App 並進入 **分享到 Instagram 畫面**，選擇分享至 **限時動態**、**動態** 或 **訊息**。

小提示 用 Instagram 商業帳號分享

使用桌面版排程貼文 方式適用 Instagram 商業帳號，需確定已轉換為商業帳號，並與 Facebook 專頁連結，之後依步驟核選 Instagram 商業帳號與粉絲專業，確認權限後，即可完成上傳。

用電腦中已下載的圖檔或影片上傳

將 Canva 專案下載為圖檔或影片並儲存至電腦後 (相關下載操作可參考 Part12)，可以選擇欲分享的社群平台，依步驟執行完成上傳。(此處以上傳 Instgram 網頁版為例)。

STEP 01 於瀏覽器開啟 Instagram (網址：https://www.instagram.com/)，左側選按 **建立** 鈕。

STEP 02 視窗中選按 **從電腦選擇** 鈕，選取電腦內要上傳的圖檔或影片，選按 **開啟** 鈕。

STEP 03 選按 **確定** 鈕，依步驟設定 **裁切**、**封面相片**、**修剪** 及貼文內容 (若是圖檔則會有濾鏡、亮度、對比...等設定)，最後選按 **分享** 就完成貼文建立。

影片貼文現在會以連續短片形式分享

你的帳號設定為公開帳號，因此任何人都可以探索你的影片，並使用你的原始音訊製作連續短片。

任何人都能混搭你的連續短片，並下載該連續短片加入其混搭內容中。你可以前往「設定」關閉混搭功能，也可以在應用程式中為個別連續短片關閉混搭功能。

深入瞭解連續短片

確定

Part
10

一頁式購物平台
網站建立與發佈

學習重點

"一頁式網站" 主要學習運用文字、照片、影片與元素設計網站版面,加上連結按鈕、實物模型、Google 地圖、QR 代碼,到最後跨平台頁面調整及發佈。

☑ 關於一頁式網站

☑ 一頁式網站優缺點分析

☑ 建立新專案

☑ 新增範本頁面

☑ 套用配色與字型組合

☑ 替換範本中的文字、照片與影片

☑ 調整文字與照片裁切範圍

☑ 插入元素

☑ 新增頁面標題

☑ 設置頁面連結與外部連結

☑ 插入 Google 地圖

☑ 插入 QR 代碼

☑ 商品實物模型設計

☑ 以電腦模式預覽網站

☑ 以行動裝置預覽網站

☑ 跨平台版面調整

☑ 發佈網站並取得網址

原始檔:<本書範例 \ Part10 \ 原始檔>

完成檔:<本書範例 \ Part10 \ 完成檔 \ 一頁式網站.html>

10-1 一頁式網站特色與優缺點

利用 Canva 的 "網站" 類型可以設計活動作品集、購物平台，或是個人簡介...等多樣化的網站，製作前先來探討其特色與優缺點。

關於一頁式網站

建立網站是經營電商網站的第一步，但在預算有限的情況下，想要自己設計一個易於瀏覽又有美感的網站，這對沒學過任何網頁設計的人來說，往往不是件輕鬆的事！

"單頁式網站 (One-page Web)" 又稱 "一頁式網站"，指的是一個頁面中，將網站所有的內容完整呈現。有別於傳統網頁需要在導覽列選按項目來回切換頁面，一頁式頁面則以很直觀地的方式持續向下瀏覽，讓使用者更專注於網頁導覽。

一頁式網站優缺點分析

一頁式網站的用處雖然多元，但也被侷限在某些形式中呈現，設計前可以先了解以下優缺點分析：

優點：

- 🔘 **符合使用者體驗**："看手機向下滑動" 的瀏覽習慣成為常態，讓使用者能在一個頁面快速瀏覽所有資訊，不需要跳轉頁面。

- 🔘 **頁面維護簡易**：由於只有一個頁面，所以在維護或更新內容時，不用花費太多時間。

- 🔘 **更容易被搜尋引擎收錄**：一頁式網站擁有較快的載入速度，這樣可以提高搜尋引擎爬取網站的效率，增加收錄的可能性。

缺點：

- 🔘 **不適合內容龐大的網站**：將所有圖片、影片、文字都放在單一頁面，一但資料過於豐富時，會影響網站的讀取速度，可會令使用者感到混亂，無法快速找到所需的資訊。

- 🔘 **較差的 SEO 表現**：雖然被搜尋引擎檢索的速度快，但無法使用更多的關鍵詞和描述詞定義不同的網頁，在一定程度上會影響流量及曝光度。

10-2 快速產生一頁式網站

Canva 預設有許多不同類別的網站範本，可挑選符合的項目直接開啟使用，快速完成網頁配色與文字設定。

建立新專案

STEP 01 於 Canva 首頁上方，選按 **網站 \ 零售網站** (若無此項目，可選按右側 ⟩ 展開更多)，建立一份新專案。

STEP 02 進入專案編輯畫面，於右上角 **未命名設計 - Website** 欄位中按一下，將專案命名為「一頁式網站」。

新增範本頁面

依以下步驟輸入關鍵字搜尋範本，若因 Canva 更新找不到相同範本，可開啟範例原始檔 <Part10範本>，於瀏覽器開啟連結後，選按 **使用範本** 即可使用。

STEP 01 側邊欄會顯示 "零售網站" 相關類型的 **範本** 清單，選按如圖範本。

STEP 02 進入範本會看到相關的版型設計，選按 **套用全部 6 個頁面** 鈕，可以完整套用至專案，完成後選按 ◀ 回到上一頁。

套用配色與字型組合

利用 **樣式** 可以快速變更範本整體的配色與字型樣式。

STEP 01 側邊欄選按 **設計 \ 樣式** 標籤 \ **配色與字型組合 ** 如圖組合，套用預設組合至第 1 頁 (系統會根據基礎色彩與字型隨機組合)。

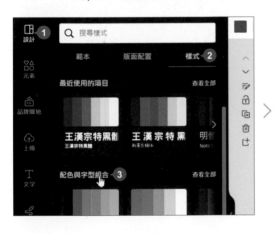
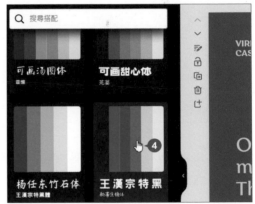

STEP 02 之後重複選按至如圖配色與字型組合，再選按 **套用至所有頁面** 鈕。

10-3 網站的規劃與佈置

有了基本版型後，接著開始佈置網站內的文字、照片，再針對版面配置稍做調整。

替換範本中的文字

STEP 01 於頁面如圖文字方塊上連按二下選取所有文字，參考下圖輸入相關文字 (或開啟範例原始檔 <一頁式網站文案.txt> 複製與貼上)，再將滑鼠指標移至文字方塊右側控點上呈 ↔ 狀，連按二下，文字方塊會水平放大至符合文字範圍。

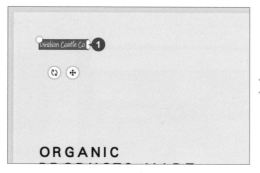 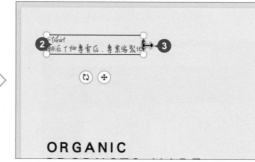

STEP 02 依相同方法，完成其他文字方塊替換，文字方塊群組需於上方連按二下顯示輸入線，再選取文字替換內容。

STEP 03 參考下圖完成其他頁面文字方塊替換。(或開啟範例原始檔 <一頁式網站文案.txt> 複製與貼上)

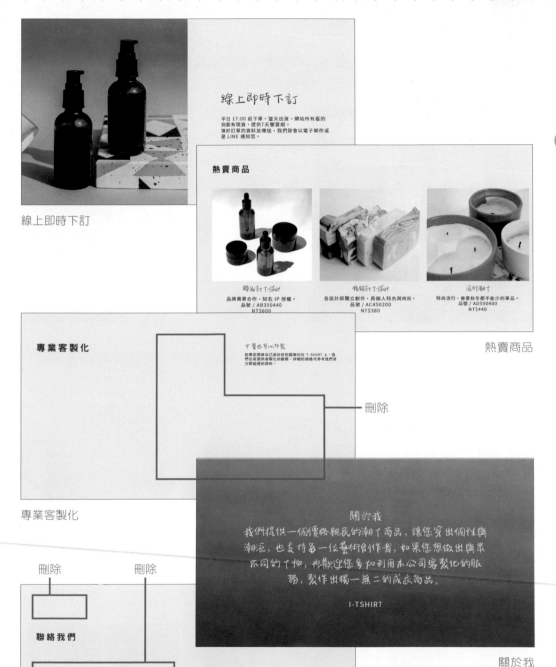

線上即時下訂

平日 17:00 前下單，當天出貨，網站所有看的
到都有現貨，提供7天鑑賞期。
填好訂單的資料並傳送，我們即會以電子郵件或
是 LINE 通知您。

線上即時下訂

熱賣商品

聯名款 T-Shirt
品牌異業合作，知名 IP 授權。
品號 / AB350440
NT$600

獨銷款 T-Shirt
各設計師獨立創作，具個人特色與時尚。
品號 / AC450200
NT$380

流行潮T
時尚流行，春夏秋冬都不是少的單品。
品號 / AD550400
NT$440

熱賣商品

專業客製化

少量也可以印製
如果您想將自己設計好的圖案印在 T-SHIRT 上，我
們也有提供客製化的服務，詳細的規格可參考我們官
方群組裡的資料。

—— 刪除

專業客製化

關於我
我們提供一個價格親民的潮T商品，讓您穿出個性與
潮流，也支持每一位藝術創作者，如果您想做出與眾
不同的T恤，也歡迎您多加利用本公司客製化的服
務，製作出獨一無二的成衣商品。

I-TSHIRT

關於我

刪除　　　　刪除

聯絡我們

店面地址：
110 台北市信義區信義路五段7號

Email:
I-EHAPPY@E-HAPPY.COM.TW

聯絡電話：
(02) 4567 7890

聯絡我們

替換範本中的照片與影片

STEP 01　在 "時尚潮人" 頁面，側邊欄選按 **照片**，輸入關鍵字「t-shirt」，按 Enter 鍵開始搜尋，參考下圖，拖曳該照片至範本照片上放開，完成替換。

STEP 02　依相同方法，在相同關鍵字搜尋結果中找到如圖照片，拖曳該照片至範本照片上放開，完成替換。

線上即時下訂

熱賣商品

熱賣商品

熱賣商品

STEP 03　在 "關於我" 頁面，側邊欄選按 **影片**，輸入關鍵字「t-shirt」，按 **Enter** 鍵開始
搜尋，參考下圖，拖曳至頁面邊緣上放開，完成替換。(如果拖曳放開的位置離
頁面邊緣太遠，會變成插入動作。)

調整文字與照片裁切範圍

完成文字與照片替換後，還得稍微調整文字位置與照片裁切尺寸。

STEP 01　在 "時尚潮人" 頁面，選取如圖文字方塊，設定 **字型** 與 **字型尺寸**。

STEP 02　拖曳選取如圖文字方塊與元素，從 **A** 點拖曳至 **B** 點，一次選取文字方塊與元
素，再往上拖曳稍微調整位置。

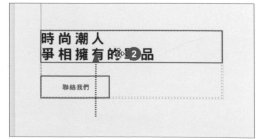

STEP 03 選取照片後，工具列選按 **編輯照片 \ 裁切** 標籤，將滑鼠指標移至照片四個角落控點呈 ↗ 狀，拖曳放大，再將滑鼠指標移至裁切框中拖曳移動至合適位置。(可參考下個步驟圖片)

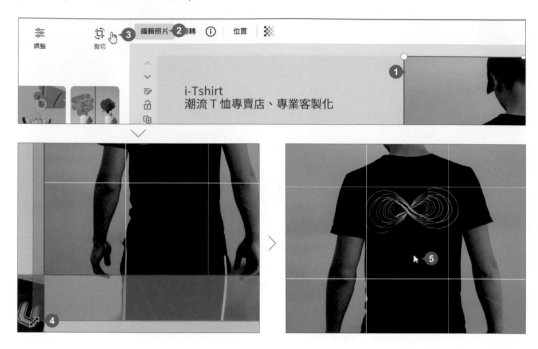

STEP 04 調整完成，工具列選按 **完成**。

STEP 05 依相同方法，在 "熱賣商品" 頁面，參考下圖分別將這三張照片裁切調整至合適範圍。

STEP 06 在 "時尚潮人" 頁面，選取文字方塊，選按 ⋯ \ 複製樣式。

STEP 07 在 "線上即時下訂" 頁面，將滑鼠指標移至如圖文字方塊上呈 🖰 狀，按一下滑鼠左鍵即可將剛剛的文字樣式直接套用。

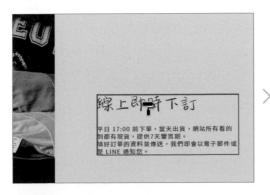 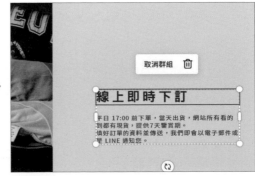

STEP 08 依相同方法，分別完成 "熱賣商品"、"專業客製化" 與 "聯絡我們" 文字方塊樣式的套用。

STEP 09 在 "專業客製化" 和 "關於我" 頁面，選取如圖文字後，工具列分別設定 **字型**、**字型尺寸**：**24**、**40**。

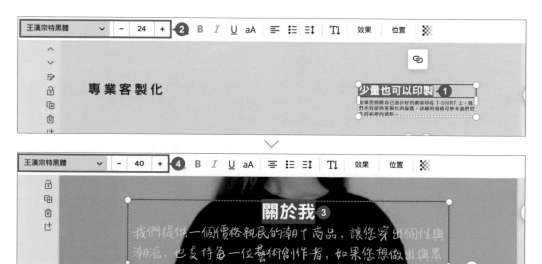

STEP 10 在 "時尚潮人" 頁面，選按如圖文字方塊後，按 Ctrl + C 鍵複製，然後在 "聯絡我們" 頁面按 Ctrl + V 鍵，即可在頁面中同一個位置貼上。

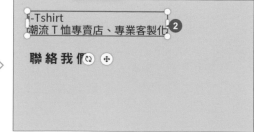

STEP 11 在 "時尚潮人" 頁面，從 Ⓐ 點拖曳至 Ⓑ 點，一次選取文字方塊與元素，選按 ⓒ 快速複製另一個相同的文字方塊與元素。

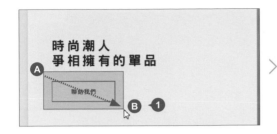

STEP 12 將剛剛複製的文字方塊與元素，拖曳至 "線上即時下訂" 頁面如圖位置擺放，接著於文字方塊上連按二下，再選取文字替換內容。

STEP 13 依相同方法，完成 "專業客製化" 頁面另一個文字方塊、元素的複製與文字替換。

插入元素

加入合適的靜態或動態元素，可以提升頁面視覺效果。

STEP 01 側邊欄選按 **元素**，輸入關鍵字「箭頭」，按 Enter 鍵開始搜尋，選按 **圖像 \ 圖像**。

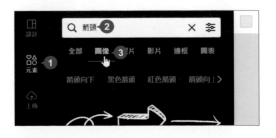

02 在 "線上即時下訂" 頁面選按合適的動態元素插入。

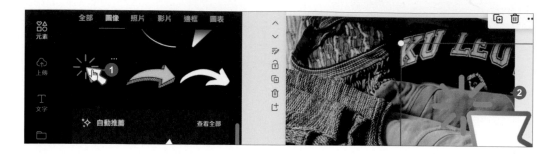

03 將滑鼠指標移至元素四個角落控點呈 ↖ 狀，拖曳調整至合適大小，再拖曳至合適位置。

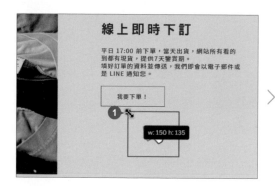

04 依相同方法，參考下圖，完成 "聯絡我們" 頁面的「Facebook」元素佈置。

10-4 加入連結串聯網頁內外部資訊

在網頁設計過程中，連結按鈕是最常見的應用，它不只能讓頁面之間相互串連，更能連結到外部任何一個網站，達成網站連結優化的效果。

新增頁面標題

為各別頁面新增標題，方便設計連結時指定到正確的頁面。

STEP 01 於 **頁面** 下方確認已開啟頁面清單 (選按 ^ 可開啟)。

STEP 02 頁面清單第 1 頁縮圖上按一下滑鼠右鍵，選按 **新增頁面標題** ，輸入「Home」，再按 **Enter** 鍵，完成該頁頁面標題新增。

STEP 03 依相同方法，參考下圖修改第 2~6 頁的頁面標題。

設置頁面連結

STEP 01 在 "時尚潮人" 頁面一次選取文字方塊與元素，選按 ⋯ \ **連結**。

STEP 02 選按 **此文件中的頁面** \ **6-Contact**，再選按 **完成** 鈕。

設置外部連結

STEP 01 在 "線上即時下訂" 頁面，一次選取文字方塊與元素，選按 ⋯ \ **連結**。

STEP 02 於 **輸入連結或搜尋** 欄位按一下滑鼠左鍵，輸入欲連結的網址，再按 `Enter` 鍵。(或開啟範例原始檔 <一頁式網站文案.txt> 複製與貼上)

STEP 03 依相同方法，參考下圖，完成 "專業客製化、"聯絡我們" 的元素連結設定。(或開啟範例原始檔 <一頁式網站文案.txt> 複製與貼上)

10-5 快速產生 Google 地圖與 QR 代碼

Canva 搭配第三方的應用程式，可以網站增加如 Google Map、QR Code...等不同類型的店家資訊，達到充分引導與行銷的效果。

插入 Google 地圖

STEP 01　在 "聯絡我們" 頁面，側邊欄選按 **應用程式 \ Google Map**，在搜尋欄位按一下滑鼠左鍵。(初次使用需選按 **使用** 鈕)

STEP 02　輸入欲搜尋的地址 (或開啟範例原始檔 <一頁式網站文案.txt> 複製與貼上)，按 Enter 鍵，確認目的地無誤後，選按該地圖縮圖即可插入至頁面中。

STEP 03 選取地圖後，拖曳至如圖位置擺放，將滑鼠指標移至元素四個角落控點呈 ↖ 狀，拖曳調整至合適大小。

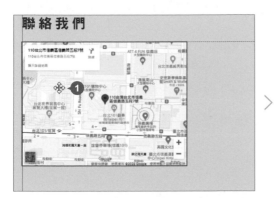
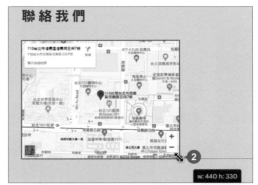

STEP 04 側邊欄選按 **元素** 標籤，搜尋欄位選按 ☒ 清除剛剛搜尋的關鍵字，再選按 **線條和形狀** 中的方形元素插入頁面。

STEP 05 選取剛剛插入的元素，工具列選按 ■ \ **顏色：無**，接著再選按 ≡ \ ─，設定 **框線粗細**：**8**。

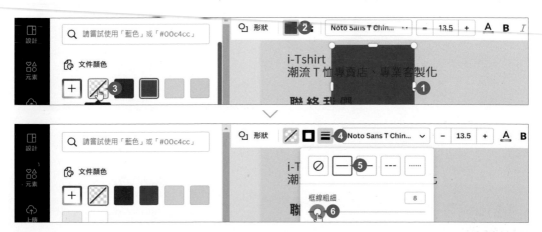

06 工具列選按 ▢，清單中選按合適顏色套用，拖曳移動至如圖位置擺放，再將滑鼠指標移至元素四個角落控點呈 ⤢ 狀，拖曳調整符合地圖大小，完成地圖邊框的設置。

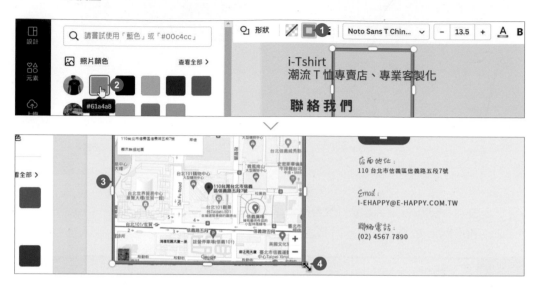

插入 QR 代碼

在 "聯絡我們" 頁面，可參考 P4-22，透過側邊欄選按 **應用程式 \ QR 代碼** 產生，再調整大小與位置。

10-6 商品實物模型設計

Smartmockups 能將照片合成至生活用品中，做出獨特的商品實物模型設計，用於網路行銷、商品照片，也能成為簡報、報告中的插圖。

智慧型手機實物模型

STEP 01　在 "線上即時下訂" 頁面選取如圖照片，工具列選按 **編輯照片** 開啟側邊欄，於下方選按 **請按一下這裡**，再選按 **還原至舊版編輯器** 鈕切換至舊版的編輯器。

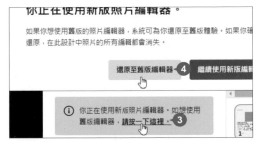

STEP 02　工具列選按 **編輯影像**，再選按 **Smartmockups \ 查看全部**。(因為目前處於新版轉換階段，需切換至舊版編輯器才能使用 **Smartmockups** 功能。)

STEP 03　**Smartmockups** 清單中分別有 **智慧型手機、電腦、卡片、服飾**...等項目可以套用，在此選按 **智慧型手機 \ Phone 22**。

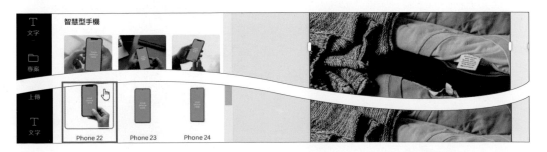

STEP 04 接著會自動運算並將照片套用至樣式，完成後，將滑鼠指標移至元素左上角控點呈 ↖ 狀，拖曳調整至如圖大小，完成智慧型手機實物模型設計。

服飾實物模型

STEP 01 在 "專業客製化" 頁面，側邊欄選按 **元素 \ Painterly Kwanzaa Wom...**，清單中選按如圖元素插入頁面。

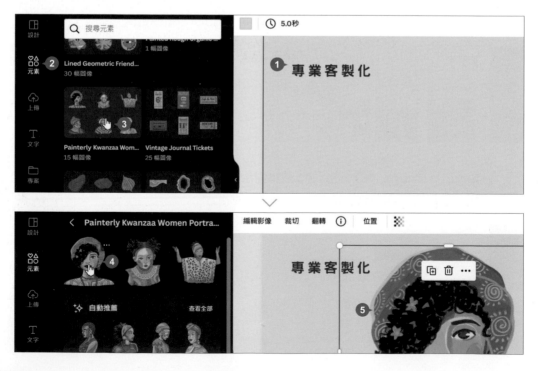

STEP 02 選取元素狀態下，工具列選按 **編輯影像** 開啟側邊欄，選按 **Smartmockups \ 服飾 \ T-shirt 5** 樣式套用，再將滑鼠指標移至樣式縮圖上選按 ，設定 **裁切：自訂**。

STEP 03 調整圖像的水平、垂直位置或大小，完成後選按 **套用** 鈕。

STEP 04 選取照片狀態下，將滑鼠指標移至左右上下控點呈 ↔ 狀，拖曳裁切；再將滑鼠指標移至四個角落控點呈 ↖ 狀，拖曳調整合適大小。

STEP 05 參考右圖，拖曳至如圖合適位置擺放。

STEP 06 依相同方法，參考下圖，完成另一件服飾實物模型的設計。

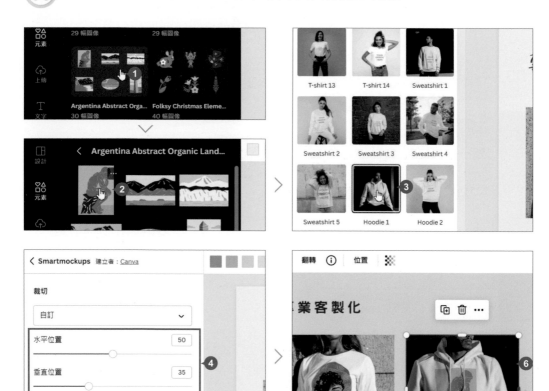

若一開始是選按 **還原至舊版編輯器**，進行 **Smartmockups** 效果設計，完成後於最上方選按 **試用看看** 回到新版編輯器，以方便後續範例操作。

10-7 跨平台頁面調整及發佈網站

完成網頁內容替換及調整後，接下來可以準備發佈成網站，不過在發佈前得先預覽一下，並針對跨平台不同畫面尺寸調整。

以電腦模式預覽網站

STEP 01 畫面右上角選按 **預覽**。

STEP 02 接著畫面中會出現一個虛擬瀏覽器顯示網頁內容，這時可以依平常觀看網站的方式去瀏覽並測試連結按鈕是否正常；透過上方導覽列的設定，可以切換顯示或不顯示導覽列。

以行動裝置預覽網站

畫面右上角選按 📱 即可以行動裝置的模式預覽網頁內容。

跨平台版面調整

由於跨平台瀏覽的關係，有些版面配置並不一定適合全部裝置，此時可以針對部分配置稍微調整，優化視覺效果。

STEP 01 使用行動裝置預覽時，可以看到 "時尚潮人" 頁面的文字方塊間的空白處太多，於畫面左上角選按 **關閉** 鈕。

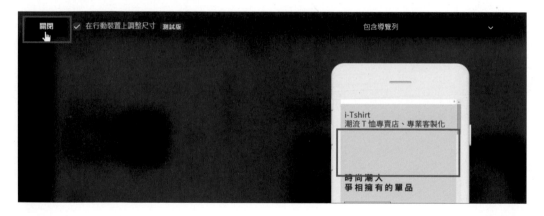

STEP 02 在 "時尚潮人" 頁面選取如圖文字方塊與元素，稍微向上拖曳，完成後右上角選按 **預覽** 鈕。

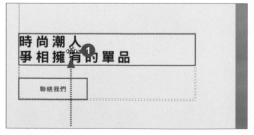

STEP 03 再選按 ▣ 以行動裝置的模式預覽，即可看到經過調整後，文字方塊之間的空白處已縮小許多。

STEP 04 參考下圖，分別調整各頁的元素或文字方塊置中的操作，這樣就完成跨平台版面調整。

移動按鈕元素與上方文字置中

移動按鈕元素與上方文字置中

除了元素與 QR Code 置中對齊外，文字也設定為 **對齊**：☰。

發佈網站並取得網址

STEP 01 畫面右上角選按 **發佈網站** 鈕。

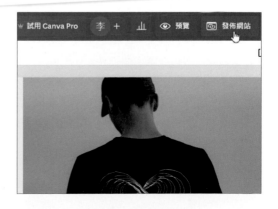

STEP 02 核選 **在行動裝置上調整尺寸**，設定是否要有導覽列 (此範例設定 **包含導覽列**)，發佈至：**免費網域**，選按 **繼續** 鈕。

STEP 03 接著為你的子網域命名，完成後選按 **繼續** 鈕，最後於 **網站說明** 欄位中輸入文字說明，選按 **發佈** 鈕。

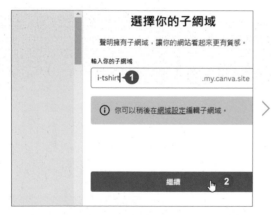

STEP 04 發佈完成後，即可取得專屬的網域名稱，選按 **複製** 鈕，再到各社群平台貼上開始宣傳你的購物網站，到此即完成一頁式網站的製作。

Part
11

主題式分組討論
線上會議白板與多人協作

Canva 不僅能設計作品、剪輯影片，藉由 **白板** 與 **Canva Live** 工具可輕鬆於線上活動、課程或會議時進行團隊協作與互動。

☑ 團隊線上協作創意空間

☑ 建立與快速掌控白板

☑ 為白板加入一個或多個範本設計

☑ 依主題與類型新增多個白板

☑ 加入照片、影片、網頁頁面

☑ 加入 Excel 或 Google 試算表

☑ 加入便利貼、倒數計時器

☑ 分享白板讓團隊、知道連結的使用者、特定使用者共同編輯

☑ 分組作答與共同收集資料

☑ 評論與給分

☑ 將簡報與思維導圖轉換為白板

☑ 以 PNG 或 PDF 檔案留存

☑ Canva Live 線上互動式問答

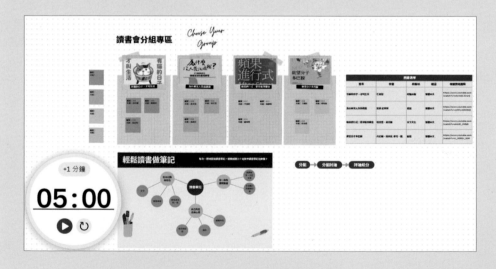

原始檔：<本書範例 \ Part11 \ 原始檔>

完成檔：<本書範例 \ Part11 \ 完成檔 \ 主題式分組討論.pdf>

11-1 團隊線上協作創意空間 Canva 白板

白板 不僅整合了 Canva 現有功能，更是線上團隊彼此互動、集思廣益、腦力激盪的創意空間。

使用白板強化協作

線上會議往往為單方面的傳遞訊息，無法即時了解團隊成員想法與收集創意。若講師想要分享簡報內容的同時還能結合各式資源，或進行多人共同編輯、分組作答、任務挑戰，又不想讓自己手忙腳亂，**白板**就是你最好協作工具。

白板與設計、影片範本最大區別，就是擁有無限延伸的畫布，同一畫布 (頁面) 能加入多個白板範本，及文字設計、心智圖、流程圖、圖表、Excel 表格數據、影片、聲音、網頁...等，創作空間更加多元化！除此之外，白板獨有的元素 **便利貼**，搭配上 **快速便利貼** 功能，可以快速繪製出各式心智圖 (思維導圖)、組織結構圖或流程圖之類的資訊圖表，開啟 **倒數計時器** 則能有效提升團隊注意力。

為白板開啟共同編輯、協作分享的權限與邀請後，團隊成員即可進入同一空間，分組討論、收集資料、分享點子、評論作答...等互動，講師也能在白板上看到每位成員的位置，掌握活動進度。

使用限制

有一些限制是使用白板前必須知道的：

- 必須有 Canva 帳號才能進入白板共同編輯或評論。
- 白板無法使用繪圖 (Canva Drawing 繪圖程式)、錄影、動畫、樣式...等功能。
- 單一頁面無法放置超過 1000 個元素。
- 將簡報轉換為白板，**展示簡報** 功能僅供全螢幕檢視，無法呈現動畫。
- 分享共同編輯後，成員可自由在不同頁面間移動，無法強制停留於指定頁面。

11-2 建立與快速掌控白板

Canva 白板 目前分類為：集思廣益、流程圖、團隊、事項規劃四類型，主要差異在於一開始預設的範本樣式，其他操作與資源則是完全相同。

建立新專案

STEP 01 於 Canva 首頁上方，選按 **白板 \ 事項規劃白板**，建立一份白板新專案。

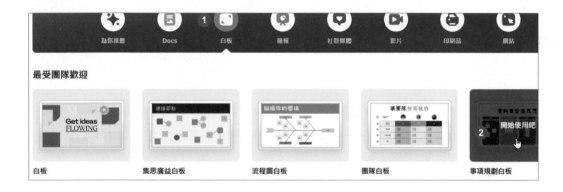

STEP 02 進入專案編輯畫面，於右上角 **未命名設計 - 白板** 欄位中按一下，將專案命名為「主題式分組討論」。

為白板加入一個或多個範本設計

依以下步驟輸入關鍵字搜尋範本，若因 Canva 更新找不到相同範本，可開啟範例原始檔 <Part11範本>，於瀏覽器開啟連結後，選按 **使用範本** 即可使用。

STEP 01 側邊欄選按 **範本**，預設已依關鍵字「事項規劃白板」取得相關範本，選按如圖範本加入白板。

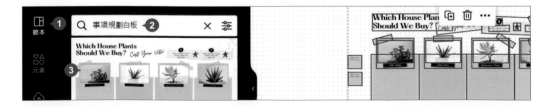

STEP **02** 側邊欄選按 **範本**，輸入關鍵字「Spider Diagram mind map」，按 Enter 鍵開始搜尋，選按如圖蜘蛛網思維導圖範本，第二款範本會加入同一頁白板，並擺放於上一款範本右側。

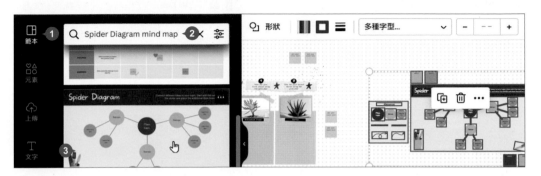

依主題與類型新增多個白板

依討論主題新增多個白板，可以更清楚的進行分組活動與記錄，Canva 是以新增頁面的方式於專案中產生多個白板。

STEP **01** 於頁面下方確認已開啟頁面清單 (選按 ∧ 可開啟)。

STEP **02** 頁面清單最右側，選按 +，新增一頁空白頁面 (白板)。

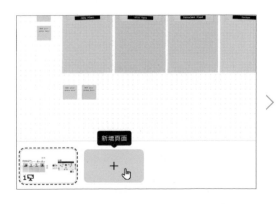

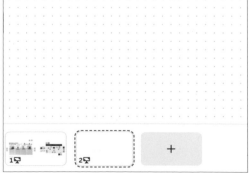

03 頁面清單第 2 頁縮圖上按一下，側邊欄選按 **範本**，輸入關鍵字「集思廣益白板」，按 Enter 鍵開始搜尋，選按如圖範本加入白板。

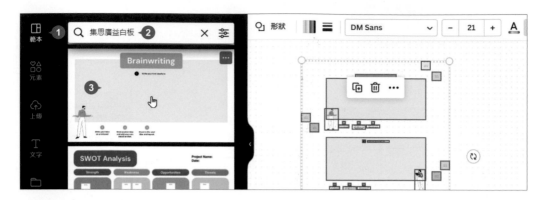

白板縮放、移動與調整範本原有結構

為了更符合分組討論需要的欄位或互動元素，接著要調整範本原有結構，由於白板空間無限大，調整過程常常需要縮放白板、平移、選取所有元素...等動作，在此先以表格整理相關快速鍵，方便後續操作時直接使用。

快速鍵	動作
Ctrl + 滑鼠滾輪往前 / 往後 Ctrl + ⊞ 、 Ctrl + ⊟ 在觸控板上使用二指捏合或展開	(電腦上) 放大或縮小顯示比例。
在畫面上使用二指捏合或展開	(行動裝置上) 放大或縮小顯示比例。
Ctrl + Alt + 0	(電腦上) 調整顯示比例到最適大小，完整檢視白板上所有元素。(顯示比例過大或過小，無法完整檢視所有元素時才會有反應。)
按住 Space (空白鍵) + 拖曳滑鼠	(電腦上) 移動白板檢視內容。
在畫面上向任意方向拖曳	(行動裝置上) 移動白板檢視內容。
Ctrl + A	(電腦上) 選取白板上所有元素。
Ctrl + F	(電腦上) 針對全部頁面進行搜尋與取代。
?/	(電腦上) 使用 Markdown 的 ?/ 快速鍵，快速插入特定內容、功能或進行關鍵字搜尋。

STEP 01 頁面清單第 1 頁縮圖上按一下，分別調整 "事項規劃白板" 範本設計上方的標題與副標題文字及字型、字型尺寸，大家進入時可清楚了解此頁白板的主題。

STEP 02 "事項規劃白板" 範本周圍有多個便利貼，此範例每個顏色只保留一個，移至設計左側擺放，並將便利貼內的文字調整為：「編號：」、「名稱：」，套用合適的字型、字型尺寸與對齊方式。

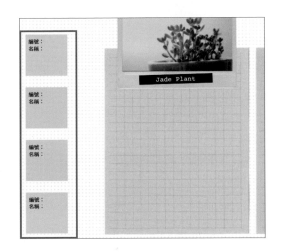

STEP 03 此頁白板請大家複製左側便利貼，貼至範本中四個區塊進行分組，但目前四個區塊的顏色與便利貼一樣，較不易辨識，請一一選取每個便利貼元素，工具列選按 ■，清單中選按相近但飽和度較高的顏色套用 。

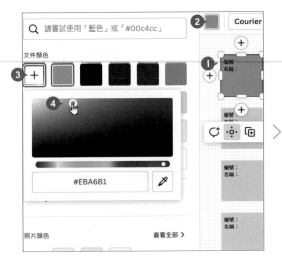

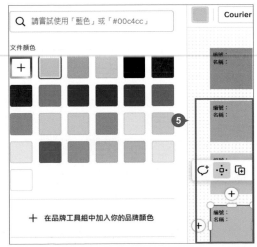

STEP 04 同樣於第 1 頁，選取右側 "Spider Diagram" 範本設計並拖曳擺放至 "讀書會分組專區" 下方，再刪除 "Spider Diagram" 範本其他預設的小元素。這份思維導圖是分組討論前，主題說明時的引導工具，可以讓與會的大家更了解所要傳遞的想法。

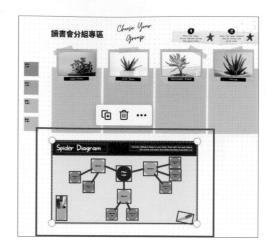

STEP 05 參考下圖，輸入 "Spider Diagram" 範本上方的標題與副標題文字 (或開啟範例原始檔 <主題式分組文案.txt> 複製與貼上)，並設定合適的字型、字型尺寸。

STEP 06 參考下圖，輸入思維導圖上的文字 (或開啟範例原始檔 <主題式分組文案.txt> 複製與貼上)，並設定合適的字型尺寸。

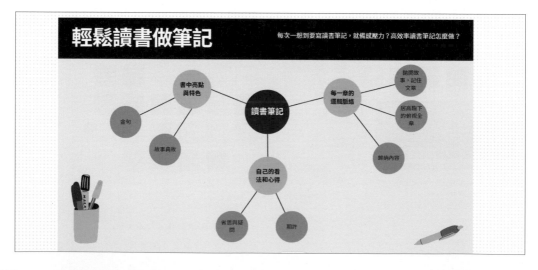

STEP 07 頁面清單第 2 頁縮圖上按一下，這頁白板是分組討論時，各組成員記錄相關資料與想法的空間。輸入標題：「關於這本書」，以及 **1.** 引導式問題：「你喜不喜歡這本書，為什麼？」(或開啟範例原始檔 <主題式分組文案.txt> 複製與貼上)，接著刪除 **1.** 區塊下方的說明步驟元素。

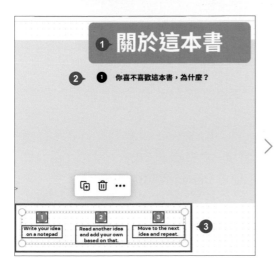

STEP 08 參考下圖，依相同方法輸入 **2.** 與 **3.** 引導式問題 (如果字數太多導致換行，可拖曳文字框右側控點，讓文字以一行呈現。)，接著刪除 **2.** 與 **3.** 區塊下方的說明步驟元素。

11-3 在白板加入各式元素與資源

白板與一般 Canva 專案相同，可以加入照片、影片、網頁、Excle 表格資料...等，以及各式元素素材。

加入照片、影片

白板插入照片與影片的方法相同，在此示範將 "事項規劃白板" 範本設計原有的照片，替換為活動主題的相關書目照片。

STEP 01 側邊欄選按 **上傳** \ **⋯** \ **上傳** 開啟對話方塊，在範例原始檔資料夾按 [Ctrl] 鍵不放一一選取所需檔案後，選按 **開啟** 鈕上傳至 Canva 雲端空間。

STEP 02 頁面清單第 1 頁縮圖上按一下，側邊欄選按 **上傳** \ **影像** 標籤，影像素材上按滑鼠左鍵不放，拖曳至範本照片上放開，完成替換。

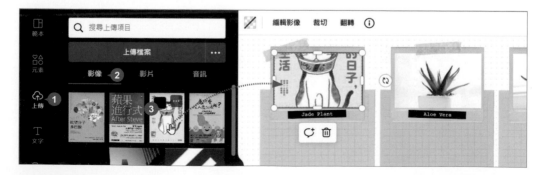

STEP 03 於剛剛替換的照片上按二下滑鼠左鍵，將滑鼠指標移到照片上呈 ✥ 狀，拖曳移動至合適位置，工具列選按 **完成**，完成影像裁切調整。

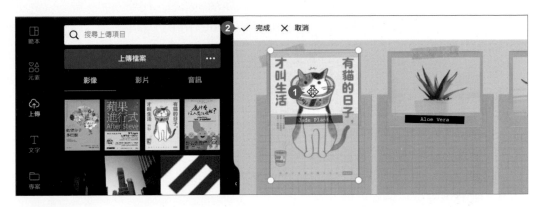

STEP 04 依相同方法，參考下圖替換其他三張範本設計原有的照片，並完成影像裁切調整；接著替換照片下方黑色文字方塊原有文字 (或開啟範例原始檔 <主題式分組文案.txt> 複製與貼上)，並調整文字方塊為一行呈現。

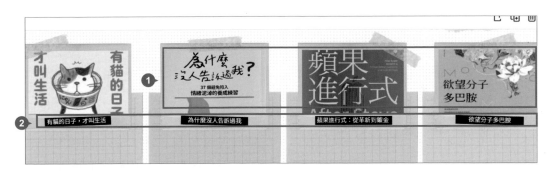

STEP 05 頁面清單第 2 頁縮圖上按一下，側邊欄選按 **上傳 \ 影像** 標籤，影像素材上按滑鼠左鍵不放，拖曳至 "關於這本書" 筆記區左側放開，再將滑鼠指標移至元素四個角落控點呈 ↖ 狀，拖曳調整合適大小。

加入網頁頁面

白板中貼上網頁網址，若網頁為文字內容會擷取縮圖、標題、摘要文字呈現，只要連按二下就會開啟該網頁；若網頁為影片網址 (例如 YouTube)，會插入影片縮圖，只要連按二下就會播放影片。

STEP 01 開啟範例原始檔 <主題式分組影片.txt>，複製該書影片網址，再回到白板，頁面清單第 2 頁縮圖上按一下，按 Ctrl + V 鍵貼上。

STEP 02 將滑鼠指標移至網頁嵌入物件上呈 ⟍ 狀，拖曳移動至合適位置；將滑鼠指標移至網頁嵌入物件四個角落控點呈 ⟍ 狀，拖曳調整合適大小。

加入 Excel 或 Google 試算表的表格資料

將 Excel 或 Google 試算表的資料複製貼上白板，會以表格類型加入，並可設定表格相關樣式、增減欄列與儲存格。

STEP 01 開啟範例原始檔 <相關資訊.xlsx>，選取相關資料後按 Ctrl + C 鍵複製，再回到 Canva 白板，頁面清單第 1 頁縮圖上按一下，按 Ctrl + V 鍵貼上。

圖書清單				
書名	作者	出版社	語言	相關資訊連結
有貓的日子，才叫生活	仁尾智	時報出版	繁體中文	https://www.youtube.com/watch?v=o4vml3LXVwQ
為什麼沒人告訴過我	茱莉·史密斯	遠流	繁體中文	https://www.youtube.com/watch?v=uUIWwX2K4NQ
蘋果進行式：從革新到鍍金	特里普·米克爾	天下文化	繁體中文	https://www.youtube.com/watch?v=and4f_1ABb8
欲望分子多巴胺	丹尼爾·利伯曼，麥可·隆	臉譜	繁體中文	https://www.youtube.com/watch?v=U_6GR2r_N1M

STEP 02 將滑鼠指標移至白板的表格元素右側 ✛ 上，拖曳移動至 "讀書會分組專區" 右側擺放；將滑鼠指標移至表格元素四個角落控點呈 ⟍ 狀，拖曳調整合適大小。

STEP 03　選取表格元素，工具列可設定字型、字型尺寸、文字色彩...等文字相關樣式，以及背景顏色與框線樣式。

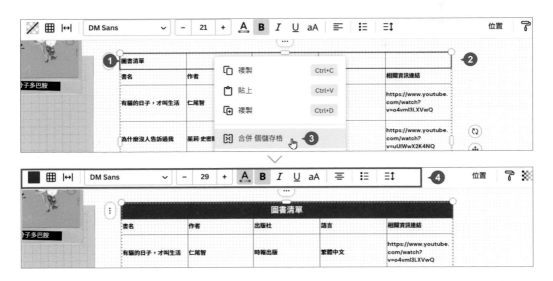

STEP 04　調整表格主標題樣式：選取左上角儲存格，按 Shift 鍵不放，再選取右上角儲存格 (選取該列)，於選取的儲存格上按一下滑鼠右鍵，選按 **合併 個儲存格** 合併整列儲存格；接著為表格主標題設定合適字型尺寸、色彩及背景顏色。

STEP 05　調整表格副標題與內容資料樣式，依相同方法，選取要調整的儲存格範圍再設定樣式，及選取儲存格後將滑鼠移至左、右二側呈 ↔ 狀，可拖曳調整欄位寬度。

加入便利貼

白板是團隊線上共享與討論的創意空間，活動設計常藉由張貼便利貼的方式，讓大家一起參與、規劃、進行腦力激盪，傳遞彼此想法。

部分白板範本，除了主設計會於周圍佈置多個便利貼元素，以方便套用範本後直接使用；若想要再加入更多便利貼元素，側邊欄選按 **元素**，可於 **便利貼** 項目選按合適的元素。

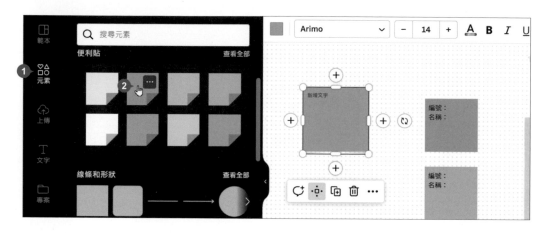

啟用 "快速便利貼" 效果

白板加入形狀元素會自動啟用 **快速便利貼** 功能，可向上下左右四個方向增加延伸同樣的形狀元素，形狀元素之間以線段連接呈現，輕鬆做到心智圖、流程圖效果；以下示範形狀元素搭配 **快速便利貼** 功能的編修、新增與設定操作。

STEP 01 頁面清單第 1 頁縮圖上按一下，移動白板檢視 " "輕鬆讀書做筆記" " 相關元素，選取並拖曳要移動的形狀元素，佈置到合適位置後，會發現連接線一端仍連接在原本的形狀元素上，拖曳需改變的另一端移至新的位置，完成調整。

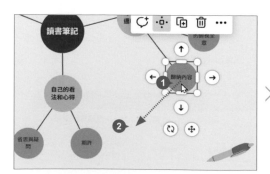
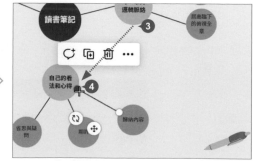

STEP **02** 增加並延伸同樣的形狀元素：可選取目前既有的形狀元素，上、下、左、右會出現箭頭圖示 (代表有開啟 **快速便利貼** 功能，若無此箭頭圖示可參考下方小提示說明)。

於要延伸的方向選按箭頭圖示，新增的形狀元素中輸入文字並調整連接線二個端點的位置。

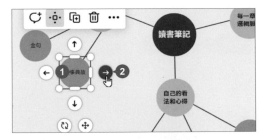

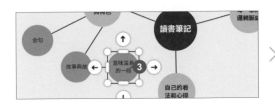

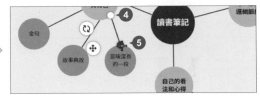

STEP **03** 新增形狀元素設計心智圖、流程圖：側邊欄選按 **元素 \ 線條和形狀**，清單中選按合適的形狀插入白板，接著於新增的形狀元素中輸入文字，再設定樣式。

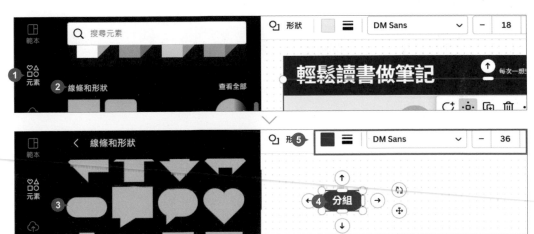

小提示 開啟 **" 快速便利貼 "** 功能

選取白板中的形狀元素，其上、下、左、右沒有出現箭頭圖示時，可選取形狀元素後選按 ⋯ \ **啟用「快速便利貼」**。

STEP 04 接續上步驟新增的形狀元素，於要延伸的方向選按箭頭圖示，新增的形狀元素中輸入文字，調整其寬高及連接線位置，完成流程圖製作。

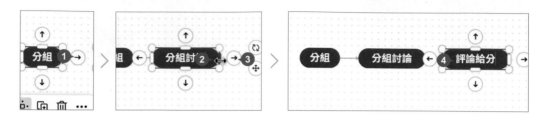

STEP 05 選取形狀元素間的連接線，工具列可調整線條樣式、粗細、端點樣式、顏色...等。

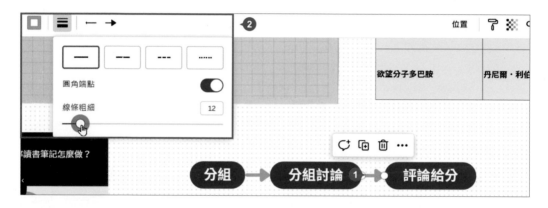

加入倒數計時器

多人協作時可以加入內建倒數計時器，所有人的頁面都會看到一樣的倒數時間，可以針對主題限定討論時間。

狀態列選按 **倒數計時器**，會於白板左下角開啟，選按 ▶ 即啟動計時器，選按 ↻ 即重設計時器，若需要調整預設倒數時間，可直接選按 "05:00" 手動輸入倒數時間。

11-4 線上共同編輯與協同合作

邀請其他人加入佈置好的白板，可以成為線上會議或實體討論時一起創作的空間，包含共同編輯、資料收集、心智圖發想、腦力激盪...等。

依分組與活動方式產生專屬白板

前面佈置了二個白板及團隊互動時需要的設計元素，接著依分組與活動方式複製與調整白板順序。

STEP 01
頁面清單第 2 頁縮圖上按一下滑鼠右鍵，選按 **複製 1 頁**，同樣的動作再操作二次，複製出 3 頁 (此活動分成四組討論，為各組分別開立一個白板空間)。

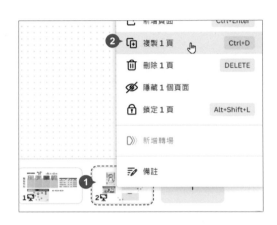

STEP 02
頁面清單第 1 頁縮圖上按一下滑鼠右鍵，選按 **複製 1 頁**，並拖曳該頁移至頁面清單最後。

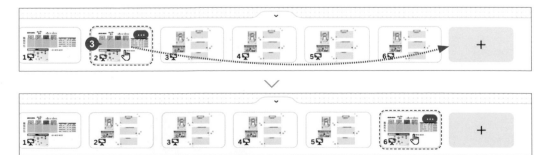

STEP **03** 頁面清單第 1 頁縮圖上按一下，此頁只有進行分組，沒有評分環節，選取分組區塊右上角的評分相關物件，按 Del 鍵刪除。

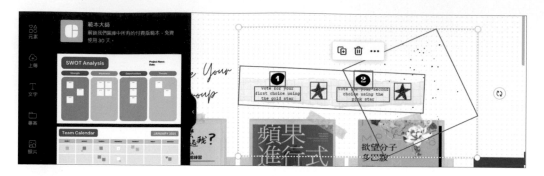

STEP **04** 頁面清單第 6 頁縮圖上按一下，此頁預計要由每位成員幫各組評分，參考下圖調整範本標題與設計說明文字與背景圖片，以及為二個星星物件添加說明文字 (可開啟範例原始檔 <主題式分組文案.txt> 複製與貼上)。

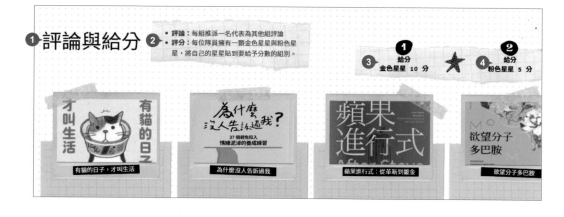

STEP **05** 頁面清單第 3 頁縮圖上按一下，此頁面是第二組專屬白板，因此需替換此頁左側的書籍照片與相關影片：側邊欄選按 **上傳 \ 影像** 標籤，合適的影像素材上按滑鼠左鍵不放，拖曳至原照片上放開，完成替換。

此處影片藉由貼上網址嵌入產生，無法以替換的方式調整；先選取按 Del 鍵刪除，再依 P11-12 說明的方法重新貼上網址嵌入該書的網頁影片，並調整位置與大小。

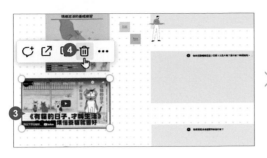 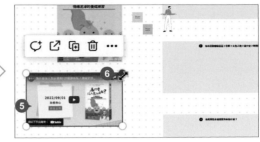

STEP 06 依相同方法，調整 4、5 頁的內容，替換該組書目照片與重新貼上網址嵌入該書的網頁影片，並調整位置與大小。

新增頁面標題提升團隊共同編輯的辨識度

為每個頁面新增標題，方便團隊進入專案時切換到正確頁面使用白板共同編輯。

STEP 01 頁面清單第 1 頁縮圖上按一下滑鼠右鍵，選按 **新增頁面標題** ，輸入「分組」，再按 Enter 鍵，完成該頁頁面標題新增。

STEP 02 參考右側資訊，依相同方法，分別為第 2、3、4、5、6 頁新增頁面標題。

頁面	頁面標題
2	第一組
3	第二組
4	第三組
5	第四組
6	評論給分

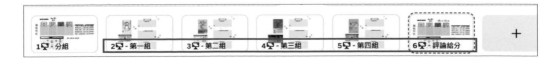

分享白板讓團隊共同編輯

想與他人於白板共同編輯、分組協作的方法有多種，在此示範與團隊的互動；設定前請參考 Part 01 P1-16 說明，講師可先邀請成員加入團隊，再開啟白板專案設定：

STEP 01 畫面右上角選按 ➕。

STEP 02 選按團隊名稱右側清單鈕 \ **可供編輯**，當團隊成員進入團隊並選按此白板專案，即可加入開始共同編輯，在畫面上方也會看到成員的帳號縮圖。

小提示 **分享後，團隊成員該如何進入白板共用編輯？**

分享完成後，團隊成員只要於 Canva 首頁選單選按 **專案 \ 設計** 標籤，分享對象設定為 **任何擁有者**，即可看到已分享的白板專案，選按專案再選按 **編輯** 鈕即可進入該白板共同編輯。

分享白板讓知道連結的使用者共同編輯

當你的活動無法事先建立團隊，可以直接分享可共用編輯的連結予活動成員，只要選按連結進入即可共用編輯。

STEP 01 畫面右上角選按 ➕。

STEP 02 選按 **連結分享受到限制：只有你可存取** (或 **僅限加入的人員可存取**) 清單鈕 \ **任何具有此連結者**，此時項目會變成 **已公開分享連結**，再於右側選按清單鈕設定**可供編輯**。

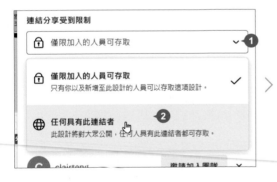

STEP 03 接著選按 **複製連結** 鈕，完成後即可看到按鈕項目變成 **已複製**。(之後如果再重新設定 **可供檢視**、**可供評論**，都必須重新選按 **複製連結** 鈕再分享網址。)

STEP 04 將已複製的連結傳送給欲加入的成員，對方接收後，選按該連結 (需先登入 Canva 帳號) 即可快速加入此專案，畫面上方也會看到對方的帳號縮圖。

STEP 05 不論是以團隊或連結分享的方式進行共同編輯，每位具有共同編輯權限的使用者進入後，白板上會看到使用者滑鼠指標與他所選取物件的作用方框，方便你隨時關注每位使用者的動作。

小提示　取消連結的共同編輯權限

如果完成白板與相關活動事項的應用，不需要其他人再共同編輯此份檔案，可於畫面右上角選按 ➕ \ 已公開分享連結：**任何具有此連結者** 清單鈕 \ **只有你可存取** (或 **僅限加入的人員可存取**)，即可關閉此專案連結的共同編輯權限。

分享白板讓特定使用者共同編輯

想要讓特定使用者擁有白板的編輯權限，而非依團隊分享權限 (整個團隊享有一樣權限)，或知道連結的使用者，這時可以藉由電子郵件單獨分享並指定權限。

STEP 01 畫面右上角選按 ➕，輸入特定使用者的電子郵件，也可輸入訊息同時傳達，再選按 **傳送** 鈕。

STEP 02 接著會詢問是否將該名使用者加入你目前的團隊中，如不需要直接選按右上角的 ⊠ 關閉訊息。

STEP 03 對方藉由電子郵件接收後，選按該連結 (需先登入 Canva 帳號) 即可快速加入此專案，畫面上方也會看到對方的帳號縮圖；同時在 **分享此設計** 清單中會看到該電子郵件帳號，選按其右側清單鈕，可指定該帳號的分享權限。

分組作答與共同收集資料

完成共同編輯的設定與分享後,開始分組討論收集資料。目前示範的活動方式,是同一專案中,先於頁面 1 進行分組,各組成員於線上會議或實體教室討論後,再於其他頁面分組討論與填答:頁面 2:第一組、頁面 3:第二組、頁面 4:第三組、頁面 5:第四組。

(1) 成員分組　　(2) 成員依組別進入各組白板,建置資料或輸入討論結果與答案。

小提示　各組白板僅有該組成員能編輯?

"同一專案中以各頁面分組",這樣分組討論的優點是活動主辦方只要切換頁面即可輕鬆了解各組使用狀況,然而若有成員不遵守活動規則,隨意進入他組頁面干擾或破壞,這樣的狀況主辦方也無法控管。

是否能建立只有該組成員擁有編輯權限,其他成員僅能瀏覽?可以的,但要為每一組開啟個別白板專案再設定僅有該組成員可共同編輯的權限:

STEP 01　於 Canva 首頁上方,選按 **白板 \ 白板**,建立一份白板新專案;將專案命名為「讀書會_第一組」,再依活動主題佈置該組白板內容。

STEP 02　畫面右上角選按 ➕,一一輸入該組成員電子郵件,權限均為 **編輯**,再選按 **傳送** 鈕,待成員加入 (可參考上頁詳細說明)。另外再設定 **已公開分享連結:任何具有此連結者、可供檢視**,選按 **複製連結**,將連結分享給其他非小組成員,其他成員即可瀏覽此組討論結果。

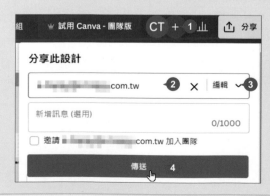

新增、刪除及回覆評論

團隊協作時，可針對白板中的文字、影像、形狀、影片...等元素，使用 **評論** 功能，標註已白板內的成員、留言、貼圖，也可回覆評論。

STEP 01　頁面清單第 6 頁縮圖上按一下，選取要加上評論的元素 (在此選取代表各組的色彩區塊)，再選按 🔄 新增評論。

STEP 02　輸入評論內容，若要提及某人，可輸入「@」並從清單中選取成員；按一下 🖉 可加入貼圖，完成後選按 **評論** 鈕送出。

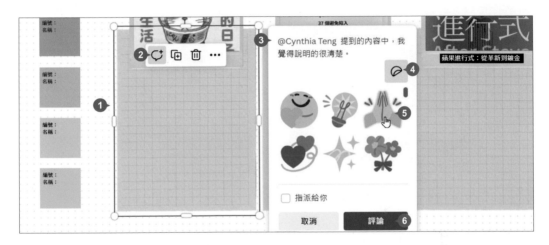

STEP 03　選按評論圖示可以檢視評論內容，若為自己建立的評論，選按 ⋯ \ **編輯評論** 可重新編輯評論內容 (選按 **刪除執行緒** 可刪除評論)，若非自己建立的評論，會依權限出現支援的功能。(只有設計擁有者可以刪除其他使用者的評論)

STEP 04　選按下方 😊 或 **回覆**，可回覆評論；同一元素要再新增評論，可選按 🔄 新增評論。

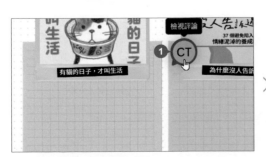

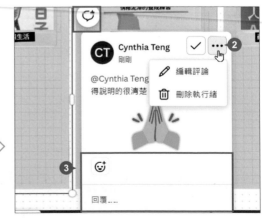

投票給分

部分白板範本會在設計周圍佈置便利貼與圖像元素，使用者可以自行定義這些圖像的用途，代表分數、對錯、喜愛或認同感...等，利用投票給分方式在白板上與活動成員互動。

STEP 01 頁面清單第 6 頁縮圖上按一下，此頁預計以範本提供的金色星星與粉色星星為各組投票給分，如需加入更多圖像元素，側邊欄選按 **元素**，輸入關鍵字後選按 **圖像**，清單中再選按合適的圖像元素加入白板。

STEP 02 白板為團隊協作共用的創作空間，建議各項活動或給分方式盡量以簡單文字列項說明，以方便加入的成員清楚使用規則；給分過程中，擁有共同編輯權限的使用者，可移動或複製圖像元素進行投票給分。

11-5 將簡報與思維導圖轉換為白板

手邊有已製作好的簡報、思維導圖投影片也可轉換為白板,當團隊共同編輯時,開啟這類型的專案討論也能有更完整創意與溝通空間。

將簡報與思維導圖專案擴大為白板

開啟現有的簡報或思維導圖投影片專案 (不是所有專案類型都支援轉換為白板),在頁面清單欲展開成為白板的頁面上按一下滑鼠右鍵,選按 **擴大顯示於白板**,該頁面即會擴大為白板,擁有無限大的創作空間以及相關功能;擴大為白板,該頁面縮圖上會多了一個 🖵 圖示。

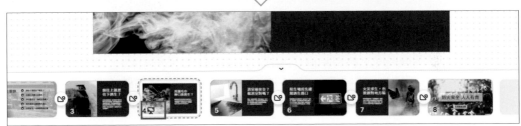

將白板轉換為簡報

如要將擴大為白板的頁面變回投影片頁面,在頁面清單該頁面上按一下滑鼠右鍵,選按 **摺疊白板** 即可。

11-6 以 PNG 或 PDF 檔案留存白板討論內容

活動結束後，若想保留白板內團隊協作互動的紀錄與資訊，可以將整個白板專案或部分元素物件以 PNG 或 PDF 檔案下載至本機留存。

下載整份白板專案或指定頁面

STEP 01 開啟 Canva 白板專案，畫面右上角選按 **分享 \ 下載**。

STEP 02 設定 **檔案類型**，可選擇 **PNG** 或 **PDF 標準**、**PDF 列印**...等類型，在此示範 PNG 影像檔。

STEP 03 設定 **請選擇頁面**：**所有頁面** 或選按 **所有頁面** 右側清單鈕，可核選總頁數 (所有頁數一起轉換) 或僅核選部分頁數項目，在此核選 **總頁數(1-6)**，再選按 **完成** 鈕，接著選按 **下載** 鈕，會下載一個壓縮檔儲存至電腦，解壓縮後即可取得指定頁面的影像檔案。

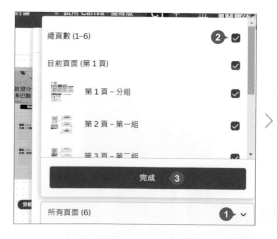

下載選取範圍

STEP 01 以滑鼠指標拖曳框選需要下載的範圍，放開滑鼠後即會選取範圍內所有元素。

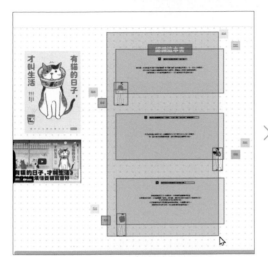 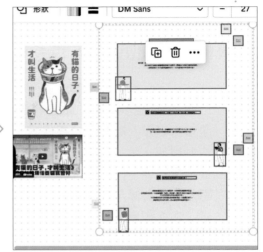

STEP 02 選按 ⋯ \ **下載所選項目**，選擇合適的檔案類型，再選按 **下載** 鈕即會儲存至電腦。

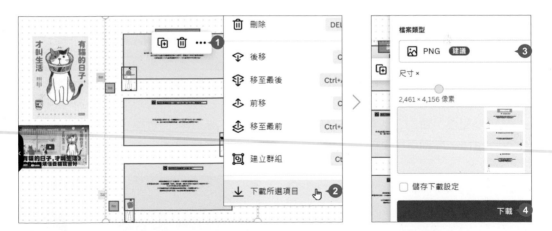

小提示 **PDF " 標準 " 與 " 列印 " 的差異**

檔案類型：**PDF 標準**，圖像解析度會較低，檔案容量會較小適用於網路應用文件；若需要高解析度文件，可選擇 **檔案類型：PDF 列印**。

11-7 Canva Live 線上互動式問答

線上會議或活動中，為了與成員有更好的互動交流，除了白板創意空間，簡報類型專案還可以於播放簡報時開啟線上訊息聊天室。

開啟 Canva Live

STEP 01 開啟 Canva 簡報專案，畫面右上角選按 **展示簡報**，清單中 **以全螢幕顯示**、**簡報者檢視畫面**、**自動播放**，這三個模式均可開啟 Canva Live。在此示範 **以全螢幕顯示**：選按 **以全螢幕顯示** 展示模式，再選按 **展示簡報** 鈕。

STEP 02 簡報展示畫面右下角選按 📶，開啟右側 Canva Live 側邊欄，選按 **開始新作業階段**，隨即產生一組六位數代碼並切換至簡報直播模式。

STEP 03 簡報直播畫面上方會出現造訪、輸入代碼相關資訊，右側 Canva Live 側邊欄選按 **複製邀請**，會取得："加入觀眾問答：https://canva.live 輸入代碼：980-166" 資訊 (代碼會於每次新的作業階段重新產生)，將此段邀請資訊分享給與會成員。

加入 Canva Live 訊息聊天室、傳送訊息

STEP 01 當成員收到邀請資訊，開啟瀏覽器進入 "https://canva.live"，再輸入代碼即可進入 Canva Live 訊息聊天室。

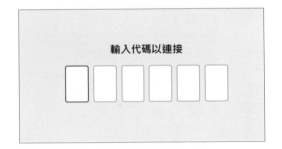

STEP 02 不論講師或成員均可進入 Canva Live 訊息聊天室留言，先輸入自己的代號 (學號) 或名稱，再輸入問題，最後選按 **傳送** 鈕。

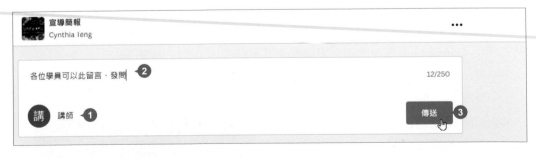

Canva Live 互動交流

STEP 01 Canva Live 訊息聊天室的留言會於簡報直播畫面右側 Canva Live 側邊欄顯示。要和成員互動時，可以選按留言者右側 **⋯** \ **放大顯示**，該則留言會放大顯示於簡報直播畫面中央。

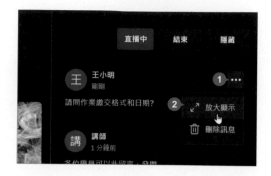

STEP 02 團隊可一起討論這個問題或由講師回覆，討論結束後再次選按留言者右側 **⋯** \ **取消放大顯示** 即可關閉放大顯示。

按 Esc 鍵可結束全螢幕顯示簡報展示模式，回到編輯模式，但不會結束 Canva Live 作業階段，在編輯模式下成員仍可於剛剛開啟的 Canva Live 訊息聊天室留言。只要再次於畫面右上角選按 **展示簡報** \ **以全螢幕顯示**，再選按 **展示簡報** 鈕，即可返回 Canva Live 簡報直播畫面。

若要結束 Canva Live 作業階段，於簡報直播畫面右上角選按 **結束** 鈕 。

小提示 **" 簡報者檢視畫面 " 展示模式下開啟 Canva Live**

若選擇以 **簡報者檢視畫面** 展示，可於 **簡報者視窗** 右上角選按 **Canva Live** 標籤 \ **開始新作業階段**。(留言將僅顯示在 **簡報者視窗** 中)

Part

12

成果帶著走
下載、分享與印刷

了解 Canva 能下載的檔案類型與印刷相關知識，學會如何分享專案、素材及團隊共同編輯，最後將完成的專案送至 Canva Print 印刷輸出。

☑ 依用途選擇合適的下載檔案類型

☑ 了解各檔案類型特性

☑ 免費版型內含付費元素

☑ 下載為影像檔或 PDF 文件檔案類型

☑ 下載為列印用 PDF 檔案類型

☑ 下載為影片或 GIF 動畫檔案類型

☑ 分享專案讓知道連結的使用者檢視

☑ 分享專案讓知道連結的使用者使用

☑ 分享專案讓知道連結的使用者共同編輯

☑ 分享專案讓團隊共同編輯

☑ 分享資料夾讓團隊共同使用

☑ Canva Print 列印你的設計

🎁

專業品質

直接從 Canva 將設計發送至專業印刷店。服務還附帶滿意保障。

🚚

運費 $0 元起

免費配送到府。無需擔心周轉時間、營業時間、檔案類型或影像解析度。

熱門印刷品

開架文宣

三折頁小冊

海報

12-1 了解 Canva 專案可供下載的檔案類型

Canva 完成的專案可以下載後應用於網路或印刷品，了解支援的檔案類型及其應用範圍，有助於之後的作業流程。

依用途選擇合適的下載檔案類型

開啟 Canva 製作好的專案，畫面右上角選按**分享**，可將專案下載為影像、文件、影片...等多種檔案類型。根據用途不同，影像設計可以下載為 JPG、PNG、SVG 檔案類型；文件編排則可以下載為 PDF、PPTX 檔案類型，其中 PDF 又分標準網路應用及列印使用；影片剪輯則可以輸出為 GIF、MP4 檔案類型。

了解各檔案類型特性

以下說明專案可供下載的各種檔案類型：

檔案類型	相關說明
JPG	JPG 適合用於圖像，支援 24 位元色彩 (約 1680 萬色)，使用 "失真式壓縮" 方式壓縮影像，檔案較小，但會犧牲原始影像品質，適合日常使用，方便儲存及傳送，相容於多數瀏覽器、軟體和應用程式。
PNG	PNG 適合用於圖像，具備不失真的壓縮效果，提供豐富鮮明的色彩，在存檔時可保留所有原始資料，不失真的特性讓 PNG 廣泛應用於網站，檔案較大且不支援 CMYK 色彩模式，支援背景透明。
SVG	SVG 適合網頁使用的向量檔案類型，是以點線為基礎的圖形，所以在縮放過程完全不會損失品質，許多設計師會使用 SVG 來設計網站按鈕或是公司商標、圖示...等，檔案小於點陣圖，支援影像背景透明。

檔案類型	相關說明
PDF	PDF (可攜式文件格式)，以平面文件呈現，可包含文字和圖像及其他互動元素，在任何裝置上都會顯示相同的內容，是印表機慣用的格式，Canva 中 PDF 有以下二種下載模式： **PDF 標準**：檔案中的影像解析度為 96 dpi，適合在網路傳閱使用，如郵件附檔。 **PDF 列印**：檔案中的影像解析度為 300 dpi，包含出血與裁切標記選項，適合列印或印刷使用。
PPTX	PPTX 是 PowerPoint 2007 之後版本的檔案副檔名，可以包含表格、文字、聲音、圖片和影片...等內容，下載後的檔案在 PowerPoint 開啟時，部分內容可能會有所不同，需要再重新檢查及調整，或安裝在 Canva 中使用的字型。
GIF	GIF 適合動畫設計或具有動畫元素的作品，8 位元色 (256 種索引顏色) 檔案類型，支援透明色和多影格動畫，色彩的限制使其檔案相對較小，有助於加快在網頁上的載入速度，具有不失真壓縮的功能，表示影像資料在壓縮後，並不會降低其品質。
MP4	MP4 數位多媒體檔案類型，適合含有影片和音樂的設計，具有非常高的壓縮率，這使得檔案容量更小，讓各種影音產品的應用服務較不受傳輸速率的影響，可達到較好的應用性和擴展性。

詳細內容可參考官網說明為主：「https://www.canva.com/zh_tw/help/download-file-types/」。

12-2 將專案下載到你的裝置

Canva 提供 JPG、PNG、PDF、SVG、MP4、GIF...等多種檔案類型，可以依需求選擇。

免費版型內含付費元素

明明是套用免費版型，下載檔案時卻顯示要付費才能執行，這時可以透過以下方法，查看版型中需要付費的元素數量與購買金額。(付費元素刪除或取代後，便可執行下載)

查看版型中需要付費的元素：**Canva** 畫面右上角選按 **分享 \ 下載 \ 下載** 鈕。

查看付費元素的購買金額：頁面中，選按元素上的 **移除浮水印** 字樣。

下載為影像檔或 PDF 文件檔案類型

專案最後要下載為影像檔傳送至社群平台，建議可以下載 PNG 類型，以獲得較佳的影像品質，如果有網路傳輸上的限制，則可以考慮下載 JPG 類型取得較小的檔案；如果專案屬於文件設計或頁數較多想要合併成一個檔案下載，則可下載為 PDF 檔案類型。

STEP 01 開啟專案 (在此開啟範例 "三折頁菜單")，畫面右上角選按 **分享 \ 下載**。

STEP 02 設定 **檔案類型**，可選擇 PNG、JPG 或 PDF 標準、PDF 列印...等類型，在此示範 PNG 影像檔，確認 **請選擇頁面：所有頁面** (也可指定頁面)，選按 **下載** 鈕開始轉換檔案並儲存到電腦，若為多頁專案，完成後即會下載一個壓縮檔，解壓縮後即可取得所有頁面檔案。

下載為列印用 PDF 檔案類型

當下載時選擇 **PDF 標準**，檔案會較小適用於網路文件，照片解析度只有 96 dpi，如果欲使用在列印或是印刷，則解析度需要有 300 dpi，可參考以下操作說明：

STEP 01 開啟專案 (在此開啟範例 "三折頁菜單")，畫面右上角選按 **分享 \ 下載**，設定 **檔案類型：PDF 列印**，核選 **裁切標記和出血**、**將 PDF 平面化**，確認 **請選擇頁面：所有頁面**。

STEP 02 由於此專案是要送印，必須設定 **色彩設定檔：CMYK (適合專業印刷)**，再選按 **下載** 鈕開始轉換檔案並儲存到電腦。(此功能為 Canva Pro 訂閱功能才能使用)

STEP 03 下載完成後，即會自動使用瀏覽器開啟檢視檔案。(如果電腦有安裝 PDF 軟體，如：Adobe Acrobat，即會使用該軟體開啟。)

下載為影片或 GIF 動畫檔案類型

專案內容如果素材包括影片或音樂，建議下載檔案類型選擇 MP4；如果是有較多的動畫設計或是動畫元素，則建議下載檔案類型選擇 GIF。

開啟專案 (在此開啟範例 "短影音")，畫面右上角選按 **分享 \ 下載**，在此選擇 **檔案類型：MP4 影片**，確認 **請選擇頁面：所有頁面**，選按 **下載** 鈕開始轉換檔案並儲存到電腦。

12-3 專案分享與共同編輯

精心設計完成的專案，可以透過網址與朋友分享，或是邀請團隊成員加入專案共同編輯，完成專案設計。

分享專案讓知道連結的使用者檢視

分享連結讓使用者檢視有二種方式，選擇 **僅供檢視連結** (以作品本身屬性檢視) 或 **觀看連結** (以影片模式檢視)，在此示範 **僅供檢視連結**。

STEP 01　開啟要分享的專案，畫面右上角選按 **分享\顯示更多**。

STEP 02　選按 **僅供檢視連結**，再選按 **複製** 鈕，將該連結傳送給其他人，對方即可觀看你的專案設計。

分享專案讓知道連結的使用者使用

STEP 01　開啟要分享的專案，畫面右上角選按 **分享\顯示更多\範本連結**。

STEP 02　選按 **複製** 鈕，便可為設計好的影片專案產生範本型式的連結，將該範本連結分享予夥伴，當夥伴開啟範本連結後，選按 **使用範本**，再登入或註冊 Canva 帳號，即可依此專案為範本接續設計，快速完成另一個新的專案。

小提示　**分享專案前需要知道的注意事項**

使用 **僅供檢視連結**、**觀看連結** 或 **範本連結** 功能分享，取得連結的任何人皆可檢視你的設計並分享連結。就算之後不想分享了，也無法變更權限設定。如果你的設計包含機密或個人資訊，不建議你使用這幾個功能分享。

分享專案讓知道連結的使用者共同編輯

在不建立團隊的情況下，一樣可以將專案分享給夥伴加入共同編輯或校對文件，利用以下方式傳送連結即可。(若要以團隊方式分享專案可參考 P12-11)

STEP 01　開啟要分享的專案，畫面右上角選按 ➕。

STEP 02　選按 **連結分享受到限制：只有你可存取** 清單鈕 \ **任何具有此連結者**，此時項目會變成 **已公開分享連結**，再於右側選按清單鈕設定 **可供編輯**。

STEP 03 接著選按 **複製連結** 鈕，完成後即可看到按鈕項目變成 **已複製**。(之後如果再重新設定 **可供檢視**、**可供評論**，都必須再重新選按 **複製連結** 鈕，再分享網址。)

STEP 04 將已複製的連結傳送給欲加入共同編輯的夥伴，對方接收後，選按該連結即可快速加入此專案，在畫面上方也會看到對方的帳號縮圖。

小提示 關閉專案的共同編輯權限

之後如果完成專案設計，且不需要其他人再編輯此份檔案，可以於畫面右上角選按 **+** \ **已公開分享連結：任何具有此連結者** 清單鈕 \ **只有你可存取**，即可關閉此專案的共同編輯權限。

分享專案讓團隊共同編輯

建立團隊後 (建立團隊的方式請參考 P1-16)，如果要與成員共同編輯或評論專案，需先將專案分享給團隊才可以進行之後的操作。

STEP 01 於首頁選單選按團隊名稱，切換至該團隊空間，再選按 **專案**，將滑鼠指標移至專案縮圖上，選按右上角 ⋯ \ **分享**。

STEP 02 對話方塊中，於團隊名稱右側選按 👁 清單鈕 \ **可供編輯**，完成後右上角選按 ✕ 關閉對話方塊即可。

分享資料夾讓團隊共同使用

如果在團隊中想共用更多的元素、圖像、照片...等素材，可以利用分享資料夾的方式。

STEP 01 於首頁選單選按團隊名稱，切換至該團隊空間，再於首頁選單選按 **專案 \ 資料夾**，畫面右上角選按 **新增** 鈕 \ **資料夾**。

STEP 02 於 **資料夾名稱** 欄位為該資料夾命名,並在團隊名稱右側選按 ☑ 清單鈕 \ **可編輯和分享**,設定完權限後,選按 **繼續** 鈕。

STEP 03 資料夾建立完成後,選按資料夾進入,即可將欲分享的素材上傳至資料夾,也可以直接在資料夾建立專案。

小提示 **分享原有的自訂資料夾**

如果要分享之前已建立的資料夾,只要於首頁選單選按 **專案 \ 資料夾**,資料夾名稱右側選按 ⋯ \ **分享**,再設定 **可編輯和分享** 即可。

12-4 Canva Print 列印你的設計

Canva Print 是 Canva 所提供的印刷服務，每位使用者皆可在完成專案設計後，直接發送至專業印刷店，輕鬆取得完美的印刷成品。

STEP 01 開啟專案，畫面右上角選按 **分享 \ 列印你的設計**，清單中選按欲印製的規格，在此選按 **海報 (直式)**。

小提示 **Canva Print 服務範圍**

Canva Print 雖然提供了全球列印服務，可是有些服務項目僅限於某些地區，像是客製 T-恤項目就無法製作，詳細的相關服務說明可參考官網：「https://www.canva.com/print/what-we-print/」。(台灣屬於東南亞範圍，所以官網所列的表格最右側 Region Availability 項目中沒有 SEA，即表示台灣沒有該項印製服務。)

[1] **Europe:** Austria, Bosnia and Herzegovina, Belgium, Bulgaria, Croatia, Czech Republic, Denmark, Estonia, Finland, France, Germany, Gre Luxembourg, Latvia, Netherlands, Norway, Poland, Portugal, Romania, Slovenia, Slovakia, Spain, Sweden, Switzerland, United Kingdom

[2] **South East Asia:** Brunei, Hong Kong, Indonesia, Macao, Malaysia, Philippines, Singapore, Thailand, Taiwan, Vietnam

[3] **Northern Americas & Caribbean:** Anguilla, Antigua and Barbuda, Aruba, Barbados, Bermuda, Bonaire, Sint Eustatius, Saba Cayman Isla Greenland, Grenada, Guadeloupe, Haiti, Jamaica, Martinique, Montserrat, Puerto Rico, Saint Barthélemy, Saint Kitts and Nevis, Saint Lu

STEP 02 選按 **調整設計尺寸** 鈕。(此時會為專案另存一個副本，並在原專案名稱前加 "[原始尺寸]"。)

STEP 03 於 **什麼尺寸？** 項目中選按欲印刷的尺寸 (此範例為 **A2** 42X59.4 公分)，接著再設定 **數量**。

STEP 04 選按 **繼續** 鈕，確認專案無錯誤後，選按 **結帳** 鈕。

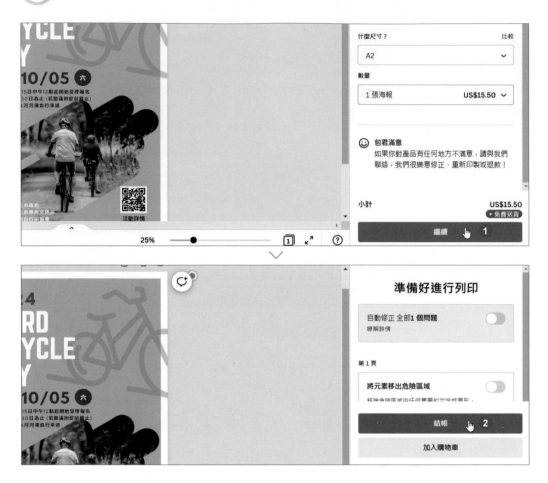

小提示　在列印自動修正設計錯誤

自動修正 可以幫專案修訂一些印刷出血或元素超出印刷區域的問題，以此專案來說，原本設計中，單車元素的前輪有一半是故意超出頁面區域，如果此時核選 **自動修正** 項目，那單車元素會如右圖被強制移回頁面內，所以，需不需要 **自動修正** 功能要視專案本身的設計狀態決定。

STEP 05 輸入寄送的詳細資訊 (如搜尋不到正確地址，可選按 **手動新增** 的方式新增地址。)，選按 **繼續** 鈕，核選欲使用的付款方式，並輸入相關資料。

STEP 06 最後確認寄送的地址無誤後，選按 **送出訂單** 鈕。(如發現問題可選按 **變更** 再做調整；另外，由於此印刷服務是由國外印製完成再寄送，所以從印製到寄達的時間大約會是 5-8 個工作天。)

STEP 07

訂單完成後，可選按 **前往列印訂單** 鈕，即可看到詳細的訂單資料。(也可選按 **檢視發票** 鈕查看稅務發票資料)

STEP 08

之後如果欲追蹤訂單進度，可於首頁右上角選按帳號縮圖 \ **帳號設定**，左側選單選按 **購買記錄**，清單中選按 **檢視列印訂單** 即可查看。

附錄

A

Canva AI 圖像繪本
結合 ChatGPT 快速生成

A-1 用 ChatGPT 讓故事更生動

ChatGPT 是由 OpenAI 開發的聊天機器人，可以回答各種問題，提供訊息和建議，廣泛應用於各種智能客服、自然語言處理、文章生成...等。

註冊 ChatGPT 帳號

ChatGPT 在開始使用前，需要先註冊一個帳號，因為目前仍在研究預覽階段，用戶均可免費申請。

STEP 01 開啟瀏覽器，在網址列輸入：「https://openai.com/blog/chatgpt」進入 ChatGPT 首頁，選按 **Try ChatGPT** 鈕，初次使用請選按 **Sign up** 鈕。

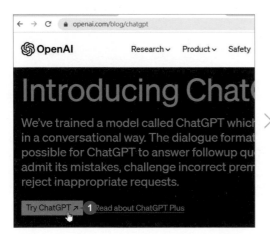

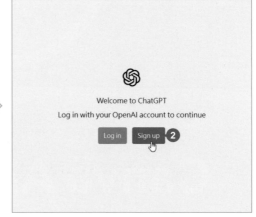

STEP 02 可以選擇用自己的 Email 註冊帳號，或選按 **Continue with Google** 鈕，直接綁定 Google 帳號。

STEP 03 選按欲登入的帳號 (或依步驟完成帳號登入)，輸入 **First name** 與 **Last name**，選按 **Continue** 鈕。

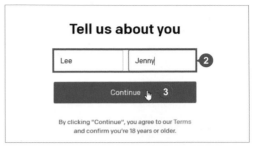

STEP 04 輸入手機號碼，選按 **Send code** 鈕，待收到簡訊後，輸入 6 碼的驗證碼即完成帳號註冊。

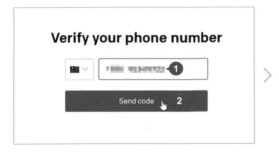
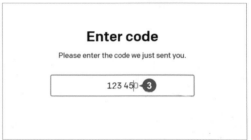

STEP 05 接著會出現簡單的歡迎畫面與簡介，選按二次 **Next** 鈕、一次 **Done** 鈕，正式進入 ChatGPT 畫面。

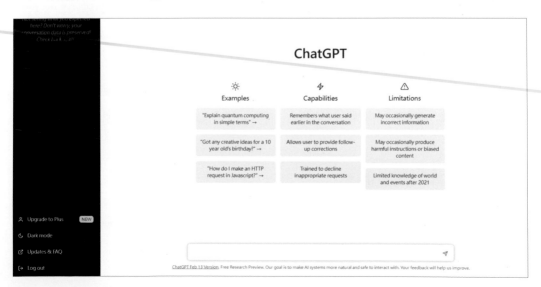

附錄 **A** Canva AI 圖像繪本

A-3

熟悉 ChatGPT 介面

使用 ChatGPT 前，先瞭解一下介面的基本配置：

- **聊天室清單**：選按 **New chat** 可發起新主題的聊天室，正在進行或曾經開啟的聊天室會一一列項於下方，選按清單中某一個聊天室可開啟該對話內容，其中 🗑 可刪除該聊天室，✏ 則可為聊天室重新命名。

- **對話內容**：聊天室內容會顯示於此處。

- **聊天對話框**：此處輸入欲詢問的問題，選按 ◁ 或按 Enter 鍵傳送。

- **功能區**：可刪除所有聊天室，或付費升級、切換深色主題、問與答及登出。

小提示 中文問題也通用嗎？可以找到最新資訊嗎？

目前 ChatGPT 支援多國語言，所以中文使用也沒問題。ChatGPT 是一個已事先訓練好的語言模型，訓練的資料來源來自於 2019~2021 年，所以有些較新的問題可能無法得到較精準的回答。

用 ChatGPT 生成繪本故事

此章以 AI 圖像繪本為例，先確定好繪本主題，再利用 ChatGPT 協助生成一個完整的故事，以下將示範如何一步步完成繪本故事。

STEP 01 於對話框依繪本主題輸入問題：「請以 "***" 為標題，寫出一篇有關 *** 的故事」，再按 Enter 鍵。(如先前已有聊天室，可選按 **New chat** 產生新的聊天室。)

STEP 02 生成故事內容後，可以再請 ChatGPT 針對目前的內容整理架構，例如：提出要整理為 ** 頁的描述，且於句子最後輸入「並以中文的方式呈現」，避免 ChatGPT 以英文方式描述。

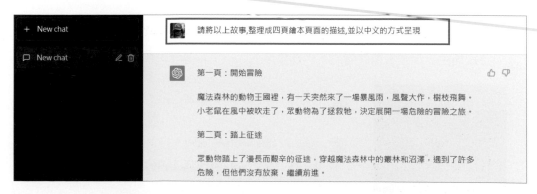

(文章生成是隨機產生，所以有可能會與示範的內容有所差異。)

STEP 03 此外可以針對 ChatGPT 部分回應再做進一步調整，例如：第四頁的文字過多，可以將該段文字選取並複製，再貼入對話框內，並於文字最後輸入「請將以上文字精簡至60個字內。」，按 Enter 鍵，讓 ChatGPT 將文字精簡至符合需求。

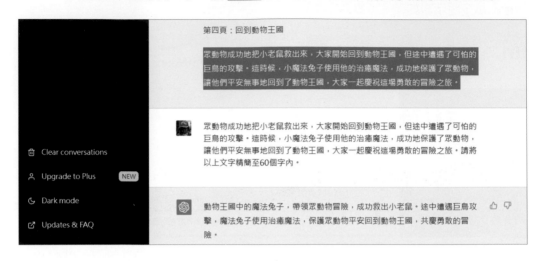

由於 ChatGPT 全球用戶數非常驚人，所以系統偶爾會發生不穩定狀況，如果發生中斷時，可以輸入：「請繼續」或「把故事說完」...等要求，請 ChatGPT 繼續完成文字或故事生成。

小提示　加強故事情境

生成的故事如果不是很滿意，可以再請 ChatGPT 改編故事，像是添加一些情境或特定角色，加強故事整體內容與豐富度。

A-2 使用 Canva AI 生成繪本圖片

有了繪本每一頁的故事情節，可以利用 Canva 中的 **Text to Image** 功能生成所需要的 AI 圖片。

建立新專案

STEP 01 於 Canva 首頁上方，選按 **簡報 \ 簡報 (4:3)** ，建立一份新專案 (繪本大都以簡報模式播放或以影片呈現，因此選擇 **簡報** 類範本)。

STEP 02 進入專案編輯畫面，於右上角 **未命名設計 - 空白簡報(4:3)** 欄位中按一下，將專案命名為「AI 圖像繪本」。

Text to Image 生成圖片

利用 ChatGPT 生成的繪本文字，在 Canva 中使用 AI 技術產生合適圖片。

STEP 01 側邊欄選按 **應用程式 \ Text to Image**。(初次使用需先選按 **使用** 鈕)

STEP 02 切換至 ChatGPT 頁面，選取第一頁的描述文字，按 `Ctrl` + `C` 鍵複製，回到 Canva，於描述欄位按 `Ctrl` + `V` 鍵貼上。

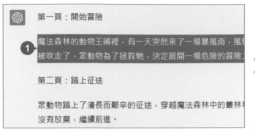

STEP 03 接著在 **樣式** 與 **寬高比** 選按合適的套用 (此範例選按 **繪畫**、**方形**)，再選按 **建立 影像** 鈕開始生成圖片。

STEP 04 Canva AI 會根據描述文字隨機生成四張圖片，選按或直接拖曳至頁面中即可運 用。(如果不喜歡此次生成的圖片，可於下方選按 **重新生成** 鈕。)

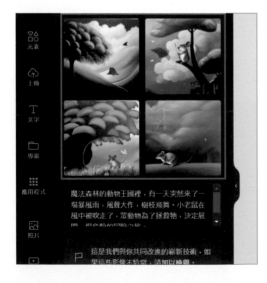

小提示 AI 生成的圖片與文字著作權說明

台灣經濟部智慧財產局電子郵件字第 1070420 號函文明確表示只有 "人類" 參與創作，人類才是所謂的 "著作人"，該作品或成果的 "著作權" 始能由 "自然人" 或 "法人" 享有；人工智慧只是機器，著作權無法由其歸屬。雖然 AI 相關技術不斷發展，然而 AI 所生成的圖片或文章並不建議運用在商業上，縱使無對外發行或是免費發送，都有可能侵害著作財產權人之重製與散布權，所以在使用時需特別謹慎小心，詳細的官方說明可參考以下網址：

Canva：「https://www.canva.com/policies/ai-product-terms」(英文網頁)

OpenAI：「https://openai.com/policies/terms-of-use」(英文網頁)

小提示 使用 ChatGPT 翻譯

雖然 **Text to Image** 支援使用中文描述生成 AI 圖像，但如果想取得較精準的生成方向，可以利用 ChatGPT 將中文描述翻譯成英文，例如：

 將以下文字翻譯成英文：魔法森林的動物王國裡，有一天突然來了一場暴風雨，雷聲大作，樹枝飛舞。小老鼠在風中被吹走了，眾動物為了拯救牠，決定展開一場危險的冒險之旅。

 In the animal kingdom of the Magic Forest, a sudden storm struck one day with howling winds and flying branches. A little mouse was blown away by the wind, and the animals decided to embark on a dangerous adventure to rescue it.

之後複製翻譯好的文字，再於 Text to Image 的敘述欄位貼上。

小提示 Text to Image 有哪些限制？

Text to Image 是 Canva 提供的免費功能，但使用上還是有一些限制，像是每日生成的數量、不能生成一些令人覺得不安全或冒犯性內容...等，詳細的官方說明可參考：「https://www.canva.com/zh_hk/help/text-to-image/」。

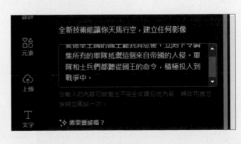

05 因為繪本多以整頁圖片呈現，所以可以將合適的圖片直接拖曳至頁面邊緣上放開，將該圖片放置於頁面背景。(如果拖曳放開的位置離頁面邊緣太遠，會變成插入動作。)

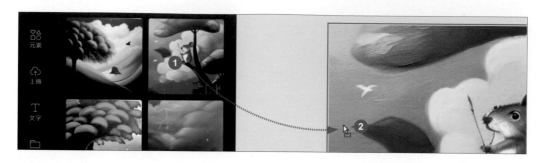

06 頁面清單最右側選按三次 ⊞，新增三頁，側邊欄選按 **從頭開始** 鈕。

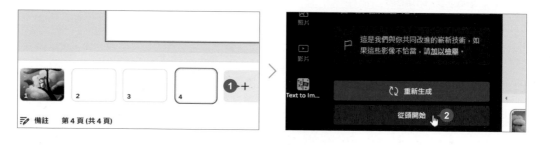

07 頁面清單第 2 頁縮圖上按一下，依相同方法，生成第 2 頁的 AI 圖片。

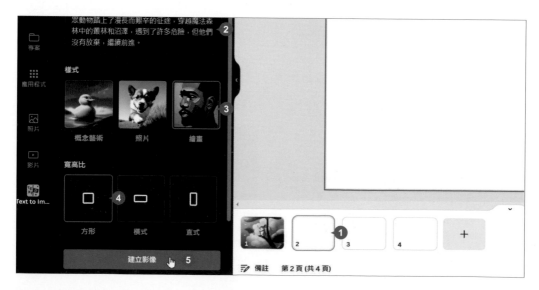

STEP 08 如果生成的圖片符合需求，依相同方法，將圖片放置於頁面背景。

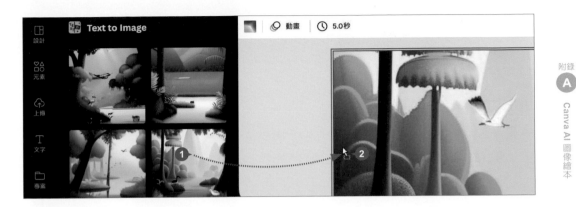

STEP 09 最後完成第 3、4 頁的圖片生成與頁面背景佈置。

A-3 為繪本加入文字與旁白

繪本除了單純的圖片佈置，還可以加入文字讓故事內容更清楚，甚至錄製旁白，變成豐富的有聲電子書。

加入文字

繪本著重在圖片的表現，卻也需要搭配文字來營造故事氛圍，如果製作時覺得字數太多，可以先利用 ChatGPT 精簡到合適的字數，以方便閱讀。

STEP 01 頁面清單第 1 頁縮圖上按一下，側邊欄選按 **文字 \ 新增標題**，接著先到 ChatGPT 生成的繪本文字複製第一頁標題，再返回 Canva 於文字方塊中貼上。(生成的繪本文字如果沒有標題，一樣可以利用 ChatGPT 產生。)

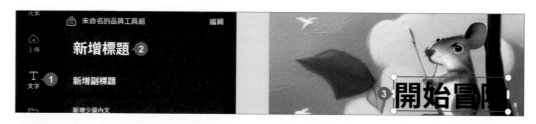

STEP 02 側邊欄選按 **新增少量內文**，依相同方法，完成第 1 頁繪本內文的輸入。

STEP 03 為繪本的標題與內文設定合適的字型大小、顏色與對齊方式。

STEP 04 分別拖曳二個文字方塊至合適位置擺放，其中可利用文字方塊的左右控點調整寬度。

STEP 05 在選取的文字方塊中按一下滑鼠左鍵產生輸入線，於合適的位置按 Enter 鍵，透過換行讓閱讀更為順暢。

STEP 06 按 Shift 鍵不放選取二個文字方塊，工具列選按 **效果** 開啟側邊欄，套用 **陰影** 效果，並調整顏色與各項設定。

07 最後依相同方法，複製第 1 頁的標題與內文文字方塊至第 2~4 頁貼上，並輸入 ChatGPT 生成的各頁繪本文字，再依據繪本每一頁的圖片，將文字方塊拖曳至合適的位置擺放。

錄製旁白

01 頁面清單第 1 頁縮圖上按一下，確認麥克風設備線路已正確連接電腦後，側邊欄選按 **上傳 \ 錄製自己** (第一次使用會出現允許授權訊息，可選按 **允許** 鈕開始。)

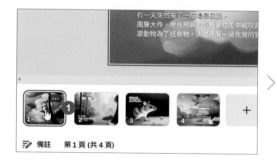 

02 錄音室畫面右上角選按 🙎 \ **相機**，設定 **沒有相機**，指定錄製旁白的麥克風設備，將圓形視訊擷取畫面擺放至畫面左側。

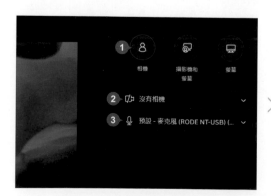 

03 選按 **記錄** 開始倒數三秒,接著開始錄影,當該頁的旁白說完後可選按下方 ▶
切換至下一頁,依此方式完成每頁的旁白錄製後,選按 **完成** 鈕可結束錄影 (❚❚
可暫停、🗑 刪除目前錄製)。

04 頁面清單第 1 頁縮圖上按一下,選按圓形視訊擷取畫面上的 ▶ 播放旁白 (若內
容不適合可選按 **刪除** 鈕,再按 **記錄** 重新錄製),確認每一頁旁白無誤後,畫面
右上角選按 **儲存並退出** 回到編輯畫面。

05 由於只需要旁白聲音不需要視訊畫面,最後選取繪本每一頁的圓型視訊擷取畫
面,工具列選按 ▨,設定 **透明度**:「0」,將該元素設定為透明。

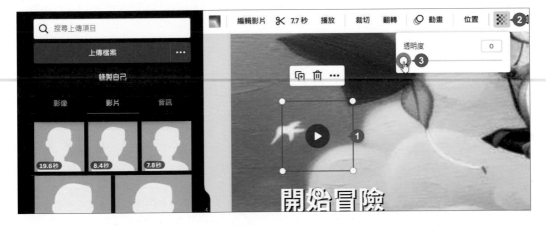

到此即完成 AI 圖像繪本的設計,簡報播放方式可參考 Part 08;相關下載、分享與印刷
方法可參考 Part 12。

NOTE

印刷基本知識

掌握關鍵要素

B-1 印刷基本知識

在 Canva 完成的專案，下載至電腦存檔後，接著若想將檔案送至印刷廠輸出，以下分享一些相關的印刷常識，有助於跟印刷廠討論時更加流暢。

常見的印刷紙材

一般來說，市面最常見的紙材不外乎是銅板紙及道林紙，其他像是名片類常用的紙材有一級卡、萊妮卡、合成卡紙...等其他類型的紙材，在注重環保的現今，再生紙類也是很多公司行號在選擇紙材時的優先考量。在相同的印刷條件下，不同紙材印刷的質感不盡相同，像是銅板紙印出來的顏色會較為鮮豔，道林紙印出來的顏色會較為深沈些，所以將檔案送至印刷廠印製時，可先請廠商拿出紙材及印刷樣本，再討論使用何種紙材印製才會符合你所要的成果。

常見的印刷術語

了解一些基本的印刷術語，除了可以明確的與印刷廠溝通，也可以讓你更精準的檢視設計文件，以確保最終印刷品的品質符合預期：

- **裁切線**：用來標註紙張裁切部位線條，一般會顯示在紙張角落。

- **出血**：常見的印刷標準出血尺寸為 3mm，是印刷品都會預留的邊緣範圍，可以預防裁切誤差導致出現白邊，排版時也要避免將重要內容擺放在出血範圍，以保障印刷成品的畫面完整度。

- **CMYK**：是一種運用於印刷行業的色彩模式，主要有青色 (Cyan)、洋紅色 (Magenta)、黃色 (Yellow) 以及黑色 (Black)，四種顏色混合疊加，形成所謂 "全彩印刷"，顏色的範圍定在 0~100 之間；當四個顏色都為 0 即為白色。

- **特別色**：當有 CMYK 印不出來的顏色時，會使用特殊油墨來取代或是與CMYK併用印刷，像是特殊的金屬色或是螢光色，上述說明的白色也算屬於特別色的一種 (在黑色的紙材中印白色)，Pantone 就是最知名配色系統之一。

● **分色**：印刷前，印刷廠會將原稿上的各種顏色，輸出成 C、M、Y、K 四個單獨的色版，如下圖，之後再將色版裝到印刷機上，就可以開始進行印製的工作。

● **印刷製版**：將已分色完成的色版由電腦直接輸出至製版機中，再將完成的色版放進印刷機裡，開始印製成品。

● **套印**：指在多色印刷時，各色版的印刷位置需依序重疊套準，如果不準確會發生如右圖的殘影現象。

● **獨立開版印刷**：指整組版印製的內容都為同一客人所有或是同一稿件，好處就是能取得較高品質的成品，可以印刷特別色、特殊紙材或規格，但印刷費用較高，通常對顏色要求高的設計師或廠商都會使用獨立開版印刷。

● **合版印刷**：指整組版印製的內容包含了其他客人，如此就可以共同分攤印刷所需的費用，適合少量印製或是走經濟實惠的客人，規格比較制式，且印刷成品多少都會有 10~20% 左右的色差影響。

● **開數**：簡單來說就是指紙張尺寸，一般來說有分 "菊版" 以及 "四六版"，全開 (不裁切的全張紙)、對開 (裁 2 張)、4開 (裁 4 張)，以此類推還有 8 開、16 開、32 開和 64 開...等不同的大小。(菊版全開 = 84.2 X 59.4 cm，四六版全開 = 104.2 X 75.1 cm。)

● **開本**：指書本的規格大小，把一張完整的印刷用紙裁切成面積相等的大小，而不同開本尺寸可以根據需求裁剪。

輸出前要確認的事

除了了解上述的印刷術語,在輸出前 (也稱 "印前作業") 以下幾個重點務必確認:

- **出血設定**:將檔案送至印刷廠前,出血要由設計方完成,如果在完成設計時沒有先做好出血,有些印刷廠會退件並要求加上出血才會受理製作。

- **設計稿配色**:一定要使用 CMYK 色彩模式,否則印刷廠無法後續的製版動作。

- **設計稿文字不要太小**:在電腦上操作時可藉由視窗縮放看清楚文字內容,但在現實生活是無法這麼做,因此合適的字體大小很重要,避免閱讀上產生吃力感,建議字體尺寸不要小於 6pt,這樣可以確保文字清晰易讀。

- **照片解析度**:印刷使用至少要 300 dpi 以上,解析度越低,代表照片的品質越差,但也不是越高就越好,高解析度的照片檔案大小會越大,通常印刷使用 300 ~ 400 dpi 就非常足夠。

300 dpi

96 dpi

- **正確的檔案類型**:一定要事先跟印刷廠討論好對方能接收的檔案類型,有些支援 Tif 檔、PDF 檔,有些則必須是 AI 或 EPS 檔。

印後加工

印刷品在完成後,為了提高外觀質感,會對印刷品進行後製加工的技術,可分為以下幾個類型:(加工費用通常都是需要額外加購的)

- **美化加工**:如常見的燙金、凸凹壓印 (鋼印)、上亮膜或霧膜、局部加光...等。

- **特殊加工**:壓線、騎縫線 (或稱撕裂線)、打孔...等。

- **成型加工**:書冊裝訂、包裝盒或是特殊形狀的軋型...等。

什麼是大圖輸出？

不管是獨立開版或是合版印刷，通常都會有一個基本數量，例如 500 張或是 1000 張基數，但有時只是想辦個小型活動，只需要大概 20 張左右的 A2 海報，這樣的數量大多數的印刷廠是不會接單 (就算有，也代表你必須花費與基數同等的費用。)，所以此時可以考慮使用大圖輸出這樣的服務。

所謂大圖輸出其實有點像在自家使用印表機列印一樣，只是它能列印的尺寸比印表機能印的範圍大非常多 (一般家用印表機大多為 A3 尺寸以內)，隨著設備大小不同，可印製的寬度約在 120~150 公分左右，甚至還有更大的輸出尺寸，使用的墨水也與一般印表機不同。常見於戶外大型帆布看板、彩色旗幟、相片紙、燈箱 PVC 材質、選舉期間常見的候選人 PP 看板...等。

和一般使用印表機列印的方式一樣，大圖輸出可以直接由電腦送出檔案至設備中直接列印，不用像印刷還需要分色、製版...等流程，輸出時間快，適合少量製作，計費方式通常是以 "才數" 計算 (1 才 = 30 X 30 公分)，另外大圖輸出由於成品大部分觀看距離數公尺以上，所以使用的解析度不用像印刷品一樣精緻，一般情況下解析度 150 dpi 足以應付常見的作品，通常會依使用環境選擇合適的輸出設定，這部分可在送檔案時再與廠商溝通即可。

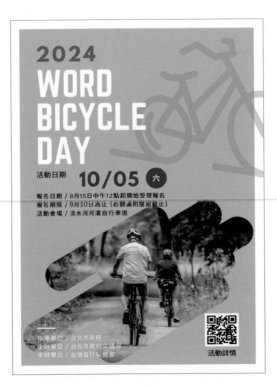

用 Canva 設計超快超質感：平面、網頁、電子書、簡報、影片製作與 AI 繪圖最速技

作　　者：文淵閣工作室 編著 / 鄧君如 總監製
企劃編輯：王建賀
文字編輯：江雅鈴
設計裝幀：張寶莉
發 行 人：廖文良

發 行 所：碁峰資訊股份有限公司
地　　址：台北市南港區三重路 66 號 7 樓之 6
電　　話：(02)2788-2408
傳　　真：(02)8192-4433
網　　站：www.gotop.com.tw
書　　號：ACU085600
版　　次：2023 年 04 月初版
　　　　　2024 年 09 月初版七刷
建議售價：NT$480

國家圖書館出版品預行編目資料

用 Canva 設計超快超質感：平面、網頁、電子書、簡報、影片製
作與 AI 繪圖最速技 / 文淵閣工作室編著. -- 初版. -- 臺北市：
碁峰資訊, 2023.04
　　面；　公分
ISBN 978-626-324-488-7(平裝)

1.CST：多媒體　2.CST：數位影像處理　3.CST：平面設計
312.837　　　　　　　　　　　　　　　　　112004814